小泉武夫　微生物が未来を救う

もくじ

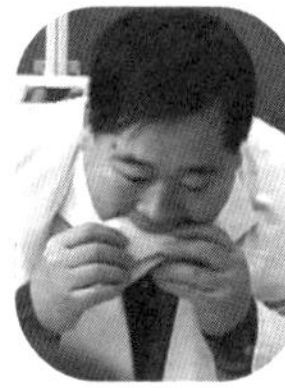

PROFILE

小泉武夫

こいずみ・たけお

(微生物学者)

【あだ名】

小泉先生のプロフィールの紹介は、まず、授業途中で子どもたちへの雑談で語られた「あだ名の披露《ひろう》」から始めよう。

——先生は、すごくいっぱい食べる。それで食べてもぜんぜん具合が悪くならない。例えば五、六人で、中国とかミャンマーの山奥に探検に行きます。来月にもまたミャンマーの山の中に行くんだけれど、五、六人いっしょだと、途中で一回か二回はだれか具合が悪くなります。けれど先生は、今までに一度も悪くなったことがない。それで、「鉄の胃袋」って言われてるんだ。

そして「鉄の胃袋」だけではない。あの先生はお酒も飲むというので「走る酒壺《さかつぼ》」。

さらに今一つ。今、全国的に私のことを新聞とか雑誌で紹介される肩書きが「食の冒険家」。かっこいいねぇー。

それから最近、フィンランドに行ったんだ。そこではいっぱいカニが獲れるの。フィンランドの隣はロシア。あんまりカニがいっぱい獲れて、それで先生はカニが大好きで、バリバリバリバリってカニを食っていたら、ぼくのことを何て言ったと思う？　あんなにすごい先生、カニ好きな先生はいないから、先生にロシア風の名前をつけてあげようって、「ムサボリビッチ・カニスキーさん」。貪《むさぼ》るくらいカニが好きだから。

　最近、先生はとても嬉しいあだ名を新しくもらったんだよ。それは、何だと思う？

（小泉先生、板書）

味覚人飛行物体

　UFOじゃないよ。あれは「未確認」だろ？ぼくのは「味覚人」飛行物体。

　例えば昨日仙台の駅前で食ってたと思ったら、あっという間に那覇《なは》の国際通りの裏の市場へ行って食べてたの。あっという間に。

　去年ぼくはね、タクラマカン砂漠というところを横断して、その後すぐに北京に戻って、北京から成田経由で、横浜のわたしの家に戻らないで、そのまま成田で着替えて、今度はアメリカに行って、アメリカのフィラデルフィアというところと、ボストンっていうところ、そことレキシントンというところで講演したの。だから昨日砂漠の真ん中にいたら、翌々日はもうアメリカのニューヨークにいるの。そこにただいるんじゃなくて、バクバク食べてるから、どこに出現してどこで何を食べてくるかわからない。あっという間に消えて、あっという間に現れて、月光仮面のごとく、それですごい食いしん坊なんだ、ぼくは。だから「味覚人飛行物体」というあだ名をもらえるっていうのは、勲章みたいなものでね、ぼくは嬉しいなぁー。さあ、授業しよう、授業――。

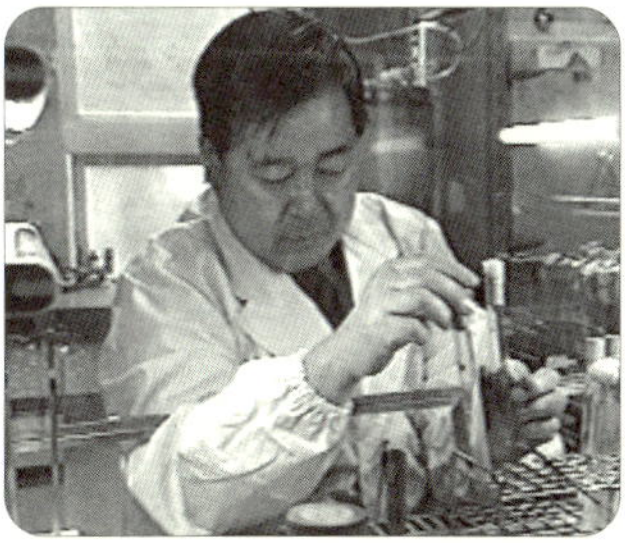

【略歴】

一九四三（昭和一八）年、福島県小野町の酒造家に生まれる。今回授業が行われた小野町立小野新町小学校に学ぶ。腕白《わんぱく》で食いしん坊。アカガエルやヘビの皮をポケットに入れ、隠れて納豆を食べたり、自家製フォアグラの製作に失敗したり、好奇心とチャレンジ精神に富んでいた夢多き少年であった。この間の少年時代の様子は、授業中や「故郷酒蔵・屋根の上 インタビュー」（本書九ページ）で詳しく語られる。

東京農業大学で醸造学を専攻。大学時代の食いしん坊ぶりも、インタビュー（本書八八ページ）に詳しい。現在は、同大学応用生物科学部醸造科学科教授、農学博士。

【その他の現在の活動】

㈶日本発酵機構余呉研究所所長
国立民俗学博物館共同研究員
静岡県・沖縄県・滋賀県・高知県アドバイザー
フォーラム・エネルギーを考える会委員（㈶社会経済生産性本部）
東京電力サービス懇話会委員
東都大学野球連盟理事
福島県しゃくなげ大使（福島県）

【主な受賞歴】

日本醸造協会伊藤保平賞
読売新聞社オピニオン賞
三島海雲学術奨励賞
日本発明協会白井賞
日本発明協会西日本支部会賞
日本発明協会東日本支部会賞
平成八年度教育映画祭最優秀作品賞（映画「発酵の魅力」）
一九九八年六月の随筆「中国食材考」がベストエッセイに選ばれる。（日本エッセイストクラブ・文藝春秋）

特許二六件

また、本書収載のＮＨＫテレビ「課外授業ようこそ先輩　微生物は超能力者だ！」は、一九九九年一月、ギャラクシー賞（テレビ番組批評家懇話会放送文化顕彰委員会）を受賞。

【現在連載執筆中】（二〇〇〇年二月現在）

「食あれば楽あり」（日本経済新聞社）

「世界怪食紀行」（徳間書店「月刊問題小説」）

「小泉武夫の食の万華鏡」（ＮＨＫ「月刊・きょうの料理」）

「本音のコラム」（東京新聞・中日新聞）

また、「小説現代」（二〇〇〇年三月号）には、大酒呑《の》みの船頭を主人公にした時代小説を発表。

主な著書

『酒の話』（講談社現代新書）
『発酵』（中公新書）
『灰の文化誌』（リブロポート）
『日本の味と世界の味』（NGS）
『麹カビと麹の話』（光琳）
『知恵の食事学』（サンケイ新聞社）
『食通耳より話』（三笠書房知的生き方文庫）
『奇食珍食』（中公文庫）
『粋な日本酒』（チクマ文庫）
『日本酒通になる本』（チクマ文庫）
『世界香食大博覧会』（徳間書店）
『匂いの文化誌』（リブロポート）
『食は胃のもの味なもの』（中公文庫）
『日本酒ルネッサンス』（中公新書）
『酒肴奇譚』（中央公論社）
『粗談義』（中央公論社）
『平成養生訓』（講談社）
『草井是好からの御挨拶』（求龍堂・第19回すばる文学賞ノミネート作品）
『銘酒誕生－白酒と焼酎』（講談社現代新書）
『人はこうして美味の食を手に入れた』（河出書房新社）
『食に知恵あり』（日本経済新聞社・NHKラジオ「私の本棚」での朗読作品）
『中国怪食紀行』（日本経済新聞社）
『味覚人飛行物体食の世界を行く』（時事通信社）
『冒険する鼻』（三一書房）
『地球を肴に飲む男』（同朋舎出版）
『つい披露したくなる酒と肴の話』（小学館文庫）
『灰に謎あり』（NTT出版）
『酒に謎あり』（講談社）
『地球を快食する』（文藝春秋）
『食あれば楽あり』（日本経済新聞社）
『発酵食品礼讃』（文藝春秋・文春新書）
など単著52冊、共著31冊
（2000年2月末現在）

故郷酒蔵・屋根の上　インタビュー

ここにいたんだ、ここに

いい麹だねえ

小泉酒造

少年時代

故郷の実家の酒蔵に現れた小泉さんは、酒蔵の屋根に梯子《はしご》をかけて登った。番組のインタビューに答えるためだ。小泉さんの小学校時代のことを、当時にしていたのと同じような状態にして、とても懐かしげに語られた。

インタビュー取材ビデオには、いたずら好きな食いしん坊の小泉さんの子ども時代の面影が、インタビューに答える小泉さんの笑顔の都度都度《つどつど》に現れ出る。

屋根の上から山を見ていた少年時代

ここにいたんだ、ここに。向こう側の屋根から飛び降りてここにいて……、こうして座っとったんだ。それでね、山をずっと見ているのが好きでね。あの山の向こうにおれの世界があると思ってた。それでここはね、ものすごく暖かいの。

だいたい酒蔵の構造を知っててね、ここがいちばん北風が当たらないんだ。ここでね、いつもこうして寄っかかって、いろんなこと考えて。

下をガキどもが通ってくと、「おい、このヤロー」ってこの上からどなって。ガキ大将だわねえ。だからここはぼくの定住の地でございまして。

ここで昼寝もできる。あるときここで昼寝して、下まで落ちたことあるけどね。ほんとはぼくはね、この上のいちばん高いとこにいたの。なんだか小ちゃいときから高いとこへ行ってたんだな。

何か食べ物を持って上がったりしたんですか？

もちろん、もちろん。

どんなものですか？

身欠《みが》きニシンを台所からかっぱらってきて、ちょろまかしてきたって言うんでしょうか。そして左の手に味噌《みそ》をつけてね、こうやってしゃぶりながら、当時小さな鉱石のラジオがあったんだが、それをこの辺に置いてさ、落語を聞いてたよ（笑）。だからずいぶんご隠居《いんきょ》みたいな少年だったんだね。

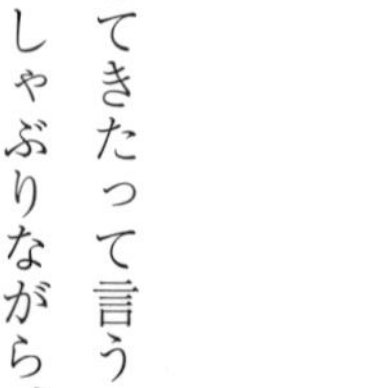

子ども時代は一言で言うとどんな少年だったんですか？

そうですね、まあとりあえず、じっとしていない。生傷《なまきず》が絶えなかった。山の中を歩くのが好きでした。山のずっと高いところからは、太平洋が見えるんですよ。海を見るなんて好きでしたね。よく「子どもは風の子」っていうけど、まさしくわたしは風の子だったと思いますね。それから口に入るものは何でも食った。

例えばどんなものを食べたのですか？

手を伸ばせば酒粕《さけかす》はあるのだから、酒粕。それからヘビは食ったねえ。カエルも食った。だって昭和二〇年代ですから、みんな豊かなものは食ってなかったわけでしょ？　わたしのところは食うには困らなかったけど、それでもやっぱり野生の味がどうにもたまらない。ここはずっと田んぼだったんだ。今はスーパーマーケットもありますけども。そこに昔はドジョウはいたわ、カエルはいたわ、ヘビはいたわでね。けっこう食うに困らなかった。

すると町では評判の少年だったのですか？

かなりにぎやかな子どもだったんでしょう。

どんなふうにいわれてましたか？

うちの家は「泉屋《いずみや》」って屋号なんですが、「泉屋のたー坊はしょうがないやつだ、いたずらばっかりして」ってね（笑）。悪いいたずらはしなかったですけど。

こうしてね、屋根の上で寝たり起きたり。やっぱり屋根の上って不思議なもんで、遠い山なんか見てると、何となく、「こんなことしてたらいけない」という気持ちが湧いてくることがあるんだね。だいたい「おい、武夫いないぞ、どこ行った？」っていったら「屋根の上探せ」ってことになってたからな。

そういえばここに室《むろ》があってね、室の上に藁《わら》がいっぱいあった。それが断熱材になるんですよ。藁の中に潜り込むと、藁の脇に猫《ねこ》がいてね。おれのこと引っ掻《か》いたり、猫がおれにしょんべん引っかけたりしてさ（笑）。そんなこ

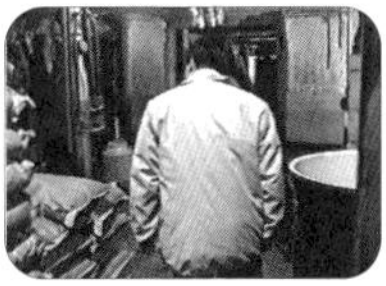

ともありましたね。

この辺は桶《おけ》が干してあったんですよ、昔はね。その桶の中に入って、親父に怒られては逃げていました。

カエルを捕ったりヘビを食べたりしたのは、別に生活に困るとか、食うに困ってではなくて、実にうまかったの。アカガエルなんていったら、あなた、今思い出しただけでヨダレが出るもん。すばらしいですよ、アカガエルってのは。ぼくがどこかの村長だったらね、村おこしにアカガエルいっぱい養殖するな。それぐらいうまかった。

その他に、ヘビはシマヘビというのがいた。これもうまかったな。何せポケットの中にいつもヘビを焼いてチョッキンチョッキン切ったものとか肉片とかね、カエルを焼いて干したものとかが全部入ってました。それぐらい好きだった。

スズメもずいぶん捕りました。包丁で腸《わた》出して、串に一〇匹くらい刺して、漬け焼きして、頭からコリコリカリカリ食うのが好きでした。やっぱりいちばん美味だったのは、スズメかな。

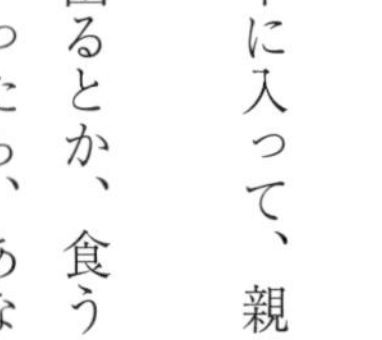

そういういろんなものを食べたというのは、好奇心の表れだったんですか?

最初は好奇心だったんだけど、実際に、ぼくの味覚は大人以上に発達してたんじゃないかなと思うぐらいに、うまいものがものすごくわかってましたね。

うちでは鶏《にわとり》を飼ってたんですが、時々、月に一羽ぐらい鶏がいなくなっちゃうんだよ。それでみんなで、「鶏がまたイタチに持ってかれた」って大騒ぎなんだよ。おれも「ようし、そのイタチを捕まえてやるぞ」と言いながら、実はおれが鶏食ってたんだよ（笑）。

それからこういうこともあったなあ。フォアグラづくりをやったの。毎日学校へ行く前に、鶏の口の中に強制的に餌《えさ》を放り込んでね、まるまる太らせたんだよ。見事に失敗したね（笑）。

小学生のときですか？

いいや、中学生のとき。中学生から高校生にかけてね。実際、まるまると太ったんだよ。いや、これはすごい肝臓《かんぞう》だな、すばらしいフォアグラができた。しばらくして、二週間ぐらい経ったときには、もう鶏は歩けないんだ。あまり太りすぎちゃって。それで鶏をつぶしてね、腹のフォアグラ取るぞと思って開けたら、太ったのがみんなまっ黄色い脂《あぶら》で（笑）。脂肪《しぼう》太りしちゃって。まあ、そういうこともありましたね。

でも、発酵学者とそういう食べ物の関係はあんまりそぐわないんで、このぐらいにいたします。

わたしの原点、酒蔵の麹の前で

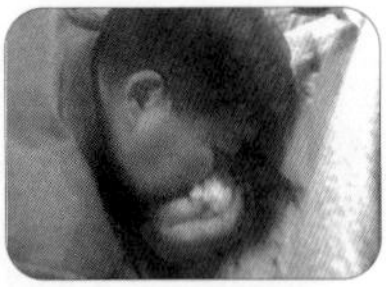
麹の匂いを嗅ぐ

小さいとき、この酒蔵でよく遊んだもんです。この下に潜り込んだりずいぶんいろんなことをしました。ここは今、酒の匂いがします。ああ、いい匂いだね。

いい匂いですね。

すばらしい吟醸香《ぎんじょうか》だな、これは。こういうところでよく遊んだ。小ちゃいときから実験が好きでねえ、ここに実験室もあるんですよ。

実験室ですか?

そうそう。隠れた実験室というのがあって。だれも来ない秘密の実験室でした。ああ、久しぶりだ。ぼくは小ちゃいときからここでいたずらしてたんだ。思い出すなあ。顕微鏡もありましたので、さまざまなものをここで見たり。ここがわたくしの小さいときの実験室。

これは、武夫先生専用の?

じゃないけどね。酒の分析《ぶんせき》をするところ。ここはぼくのいたずらの発信基地ですね。

どんな実験をしてたんですか？

顕微鏡で物を見るということ。それと、イナゴ捕り機の製作だとか、あと田んぼにいっぱいドジョウがいたから、それを捕ってきました。いっぱい。アカガエルのおたまじゃくしも捕ってきて、養殖しようかと思ってここで培養した。

そのときは、小学校高学年ですよ。アカガエルの養殖をしていっぱい飼ったら、もう捕りに行くことはないだろうと。

納豆《なっとう》は大好きだった？

納豆は好きなんだけど、実は、酒蔵というのは納豆を食わせないんですよ。それはなぜかというと、麹《こうじ》を使うでしょ。麹菌というのは、納豆菌と同じくらいの温度でできる。だから納豆を食べた手で酒蔵に入ると、そこに納豆菌がいっぱいになって、それでいい麹ができないなんていう迷信があったわけ。そのために、納豆はうちではタブーだった。

全国どこの酒蔵でも納豆を食べさせないっていうことがあった。ずーっとそれはタブーだったんですよ。今はどこの酒屋さんでも食べますけどね。

ぼくは納豆大好きだったから隠れて食べてた。屋根の上で食べたり。ところが、酒蔵の屋根ですから、いちばん納豆菌がいてはいけないところなんだ。

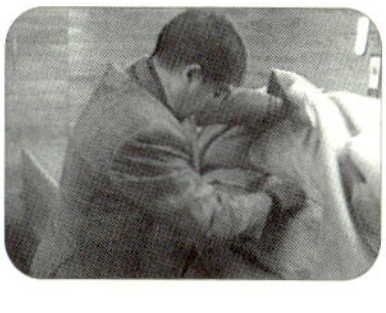

山の中に行って納豆を食べたりもしました。小学校の校庭のだれもいないところで納豆を食ったり。納豆食べるのにはかなり苦労しました。

これが土間です。土の室《むろ》というのは、こういう昔ながらの形のものは今では、全国どこを探してもないですよ。「半地下もの」といいまして、非常に古いつくりの室なんです。室というのは麹をつくるところです。昔は、この上に断熱材として稲藁《いなわら》が山のように干してありました。その中でぼくは寝ていたりしました。

（室に入って）これが室です。たまに来たんだから、実家の酒蔵の麹でもちょっと見といてやらんとなあ。

うん、なかなかしまりのいい麹だな、これは。いい酒をつくるには大量生産ではだめだ。手づくりできないから。だからこうして室もね、小さく小分けしてつくらないとだめなんだ。これは栗香といってね、栗の匂いがするんですよ。ほら、匂い嗅いでみて。

それは麹カビの匂いなんですか？

そう。麹菌の匂い。いい匂いだなあ。興奮しちゃうなぁ。

やっぱりたまにご実家に帰ると必ずこうやって、麹に……。

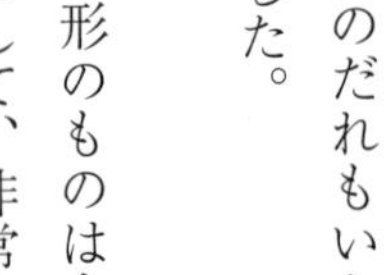

麹

ちょっと麹のしめ具合が足りないぞとか、香りが少ないぞとか。ちょっと米の処理が悪いんじゃないかとか。そういうような話はしていきます。何せここは、シベリアからハワイへ来たようなとこで、ほんと暖かいわけで。それで一歩出ればシベリアみたいなもんだからね。今はもう亡くなったけど、親父が非常に鮒鮓《ふなずし》が好きで、滋賀県から鮒鮓を取り寄せてたんだよ。その鮒鮓を親父は惜しくて毎日四切れくらいずつしか食ってないのに、三日でなくなるんだよ。おれも犯人探しをいっしょにやったんだけどね。とうとう犯人出てこなかった(笑)。みんなおれが食ったんだ。何せ食い気だけはいじきたなかったな。隠れても、人をなぎ倒しても食う物は食うぞってね。そういう時代の子どもだった。

その道を極めようということで農大へ進まれた。

そのまんまストレートに、

そうそう。食ってやろうとね。芳《かんば》しきかな、うまきかな、という感じですね。香《こう》ばしい……。

香しい？

うん、香しい。発酵食品には香しいって言葉がふさわしいですね。小さいときからそういう世界をぼくは食に関して求めていた。そんな子どもでした。ただ、こうして発酵学をやってみてどうかと考えると、やっぱりわたしの原点はこの酒蔵にあると思います。

小泉先生の登校風景

あれが小学校ですね。ぼくはこの生まれた町には時々来るんですが、小学校に行くことは、仕事でも関係ないもんだから、ほんとにありません。来たのは、四二年ぶりになりますか。

コンクリートの鉄筋になっちゃったんだねえ。

——先生のころは違いましたか?

ぼくのころは木造校舎でした。木造校舎に今ごろは、だるまストーブ。夕陽が木造の校舎に当たってまぶしかった。

——町では、どんな子どもでした?

この町を出て四二年ですから、わたしのことを覚えている人はいなくなっちゃったんじゃないかな。別に語り継がれるような伝説的な人間でもないし。自由奔放、頭は丸刈り。

ずいぶん変わったなあ。ここの文房具屋はありましたよ。ここに池がありました。池がずいぶん変わりましたね。

こうなって見ると、やっぱり昔の木造というのは懐かしいもんですね。

——校門は昔のままですか?

これは昔のままですね。おそらく一〇〇年くらい経っているのではないでしょうかね。木造のときの方が温かい感じがしたけど、こういうふうなコンクリートだと、寒そうな感じがしますね。もっとも今は全国どこでも同じでしょうが。

小学校のころはものすごく大きな広場だと思っていたけど、今見ると小さいねえ。

きかん坊でガキ大将で、大変な腕白《わんぱく》でしたから、ずいぶんこの小学校にも迷惑をかけたんだ。落書きはしたし、あちこち小便は引っかけた。このイ

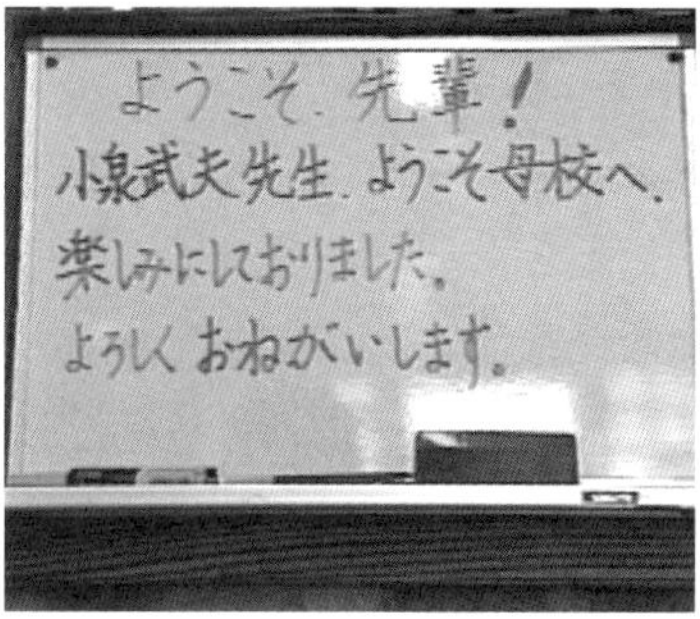

小泉先生を待ち受ける教室のホワイトボードには、「ようこそ先輩！　小泉武夫先生、ようこそ母校へ。楽しみにしておりました。よろしくおねがいします」と歓迎の言葉があった。

チョウの木はありましたよ。でもやっぱり、四二年というのは変わりますな。

　どこに行っても、子どもたちの声が聞こえます。わたしはよく中国に行くんですが、中国の子どもたちも授業が始まる前のこういう歓声というのかなあ…、これは日本でもみんな同じですね。

　どこの子どもたちも世界中同じなんだけど、子どもたちの声って、これはいいねえ。このまま純粋に育ってほしいんだけど、アンタみたいにひねたのがいっぱい出てくるようになっちゃうね、大人になると。

――お持ちの物は？

　これね、これは今日授業で使う。子どもたちにぼくの学問の不思議の世界を、「ようこそ不思議の世界へ」ということで、彼らに見せる道具ですね。

授業❶
「匂い」と「臭い」の強烈体験授業

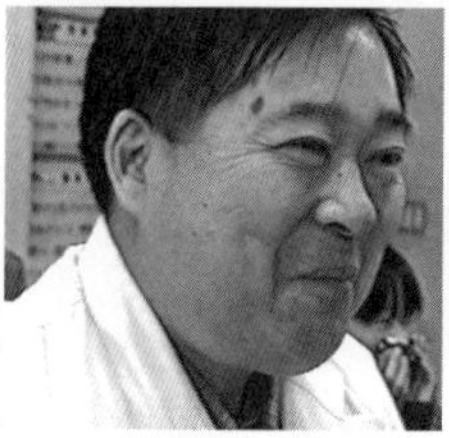

ああ、おいしい

小泉先生は東京から重いクーラーボックスを運んで来た。この日の後輩たちへの授業のために用意されたもの——。

最初の授業は、「匂《にお》い」と「臭《にお》い」の決定的な違いについて。それはそのまま「発酵学入門」講座になった。

この二つの違いを、頭ではなく、五感で、とりわけ鼻で、強烈な体験を通して伝える。

小泉流課外授業は、興味しんしんのスタートを切った。

世界一臭《くさ》い食べ物――「地獄《じごく》の缶詰《かんづめ》」

自己紹介と小学校時代

小泉 小泉武夫といいます。こんにちは。
子どもたち こんにちは。
小泉 みんないい顔してるね。ぼくは今から四二年前にこの学校を卒業したんだ。そのころはまだ、テレビ放送がなかったんだよ。それから、頭はみんないがぐり坊主。
冬はここに「だるまストーブ」というだるまの形をしたストーブがあって、当番が石炭をくべて、すごく暖かくして勉強をしていた。みんな、弁当を持ってきたんだ。冷たい弁当はおいしくないから、そのストーブで弁当を温める。四角い木でできた容《い》れ物があって、そこに弁当を入れて温めて食べた。そういう時代だったんだね。
わたしは現在、東京農業大学というところで、ちょっと難しいんだけど、こういう学問をやっているのね。（黒板に「発酵学」と書く）

小泉　読める人いるか？　いたら、手を挙げて。

男子「はっこうがく」

小泉　たいしたもんだな、君は。ぼくはこういう後輩を持って幸せだな。すごい。拍手！

この発酵学について、後でゆっくり、どんなものだかお話するからね。

わたしの小学生のころは、今みたいにスーパーマーケットもコンビニもなかった。駄菓子《だがし》屋みたいなものしかなかったね。

お小遣《こづか》いもなかったね。だってすごく貧しい時代だったから。食べ物もあんまりなかったの。それでぼくらはね、「ヤーッ！」て言うかもしれないけど、裏山に行ってヘビなんている

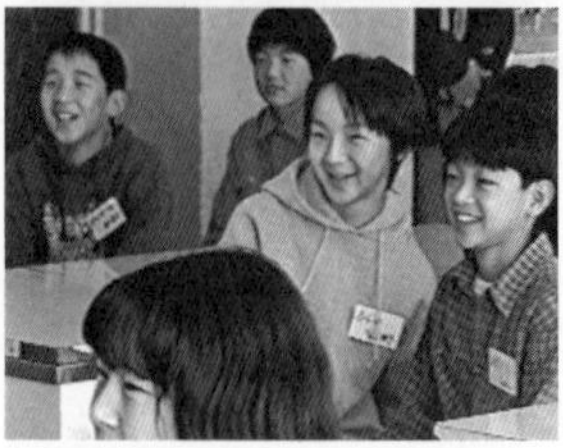

と捕ってきて食べたの。シマヘビなんて。

それからね、カエルでもおいしいカエルとおいしくないカエルがいるの。アカガエルなんていうのはおいしかったなあ。先生なんて、あのときのアカガエルの味を思い出すと、よだれが出ちゃう。

先生はものすごく腕白《わんぱく》で、この町を走り回っていた。遊ぶものといったら、ベーゴマとメンコとチャンバラだからな。先生はいつも鞍馬天狗《くらまてんぐ》の役だった。鞍馬天狗なんていってもわからないと思うけど、正義の味方だ。いつも斬《き》られる方じゃなくて斬る方だ。そんな時代をすごしてきたんだね。だから偏差値《へんさち》だとか受験だなんていう世界が全くなかったから、のびのびと生きてきた。早く言えば、自然の中に、自然とともに生きてきたんだ。

好きな食べ物

小泉　この中で、激しい食いしん坊の人はいますか？（最後列の男子を指名して）

おお、君は身体も大きいから、食べるでしょ？　食べ物で何がいちばん好き？

男子　納豆《なっとう》以外なら何でも好きです。

小泉　納豆食べないの？　何で納豆食べないの？
男子　納豆は腐《くさ》った豆だし。
小泉　そうか残念だなあ。実は発酵学《はっこうがく》というのは、納豆そのものなんだ。じゃ、チーズは好きか？
男子　チーズは好き。
小泉　あれ？　あんまり違わないと思うけど。糸引くか引かないかだけくらいで……。やっぱりだめか？
　ではこの中で、味噌汁《みそしる》が好きな人は手を挙げて。（多数が挙手）おお、だいたい好きだね。
（手を挙げなかった一人の女子に）何で味噌汁がだめなの？
女子　具《ぐ》のニンジンがときどき生《なま》だったりする。
小泉　それはニンジンが嫌いなので、味噌汁は好きなんだろ？
女子　いや、味噌が濃《こ》いのは嫌い。
小泉　ああそうか。では、パンが好きな人？　これも多いね。良かった。はい、じゃあ今度はお酒好きな人？（男子一名挙手）あれっ、いるのか。（笑）この歳《とし》でお酒好きなの？　それはちょっとな。（笑）なめたことがあるってことだろうな。

世界一臭《くさ》い食べ物

小泉　先生が今言ったのは全部、発酵学の食べ物です。そのほか、お酢《す》だとか、いっぱいあるよ。今日はそういうような発酵学のお話をこれからします。

君たちに、まずね、わたしが世界中を歩いて見聞きしたなかで知った、世界一臭い食べ物を今見せてあげる。君たちはさっき納豆はネバネバして臭いから嫌だって言ったけど、これはそんなものじゃない。びっくり仰天《ぎょうてん》するぞ。

これはどこでつくっているかというと、スウェーデンという国があるのを聞いたことあるよね？　北欧《ほくおう》。先生は去年とその前と、スウェーデンには二度行きました。スウェーデンとフィンランドに行って、そのときに珍しいものを買ってきた。

これはすごいもんだぞ。ちょっと見せようか。先生は君たち後輩のためだと思って、東京から重いものを持ってきた。（大きなボックスを机の上に置いて）ヨッコラショ！

こういうものを持ってきました。いい先輩だと思えよ。（子どもたちに笑い）

缶詰《かんづめ》が爆発する

小泉　ジャーン！　これはスウェーデンのシュールストレンミングという缶

詰です。よーくこの缶詰を見て。いいか？　この缶詰をよーく見ると、なんか膨《ふく》らんでる感じがするでしょ？

子どもたち　(口々に) ほんとだ。膨らんでる。

小泉　ほらほら、膨らんでるだろ？　実は、今これ爆発寸前。

何で膨らんでいるかというと、この中に炭酸ガスがいっぱい充満《じゅうまん》してるの。だからこれにシュッと缶切《かんき》りを入れたら、ビューッと出てきて、世界一臭い食べ物が君たちの前に現れる。(笑い)

これはすごいんだ。これを開けたら、町中が臭くなっちゃう。

男子　うそ？

小泉　だからこちらの大きい方は危ないから今日はやめておいて、今日は小さいのを開けてみようかと思ってるんだ。でも、食べ物なんだから怖がっちゃだめだよ。

これは何の食べ物かというと、ニシンって知ってるでしょ？　ニシンというお魚を塩で発酵させて塩辛《しおから》みたいにする。そしてそれを缶詰にする。ふつう缶詰というのは熱を加えて殺《さっ》菌《きん》するから、いつまでもこのままで、保《も》つだろう？

ところがこの缶詰は、塩辛みたいな魚を入れて、中でブクブクブクブク発酵させている。

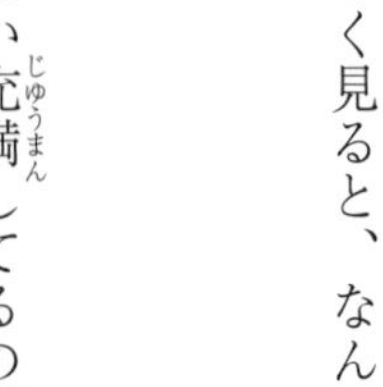

熱を加えていないので、中で発酵し続けているのです。発酵すると、炭酸ガスがいっぱい出るでしょ？　例えばビールがそうです。ビールは発酵しているから炭酸ガスが出ます。お酒の発酵しているのも炭酸ガスが出ます。炭酸ガスがいっぱい出てるからこのように缶詰がパンパンに張っている。

　これね、つくっている間にボンボン爆発しちゃう。だいたい一〇〇個つくると七五個は大丈夫なんだけど、二五個は爆発してどっか行っちゃうんだ。

　すごい食べ物だなあ。それでこれは、世界一臭いんだ。ほんとに臭い。後で臭さの強さを機械で測ってみるからね。すっごく臭いぞ。これから開けるけどあんまり臭いから、君たち

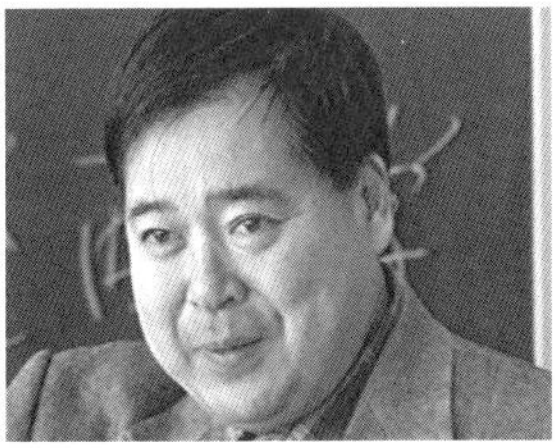

逃げ惑《まど》うと困るし、窒息《ちっそく》すると困るから、ちょっと窓を開けよう。
やっぱり危ないからもっと開けたほうがいいよ。廊下《ろうか》側の窓も開けよう。

開けるときの四つの注意

小泉　これをつくっている国のスウェーデンでは、これを開けるときに四つの注意があります。四つの注意。それは何かというと、これを開けるとガスだろ？　炭酸ガス。ガスというのは温度が低ければ低いほどよく溶けてるの。だからこれが暖かい所だと爆発寸前になっているから、開けるときには冷蔵庫の中の冷凍庫に入れてガス圧を下げて、それから開けなさい。暖かいところで開けちゃだめ。
二番目。絶対に家の中では開けるな。

男子　大丈夫だって、ここは学校だから。

小泉　大丈夫だな、教室だから。それから、三番目。開けるときには何かを身にまといなさい。だって強烈な臭い、臭気《しゅうき》が服に付いたら、三日間くらいおまえら臭いぞ。（笑い）

女子　やだー。

小泉　四番目の注意。風下に人がいないことを確かめろ。これは冗談《じょうだん》なんだね。向こうの人

たちはジョークが好きだ。あんまり臭いので、風下に人がいるとその人に迷惑がかかるから。

「防臭着《ぼうしゅうぎ》」をまとって

小泉　さあ、じゃあみんなでこれをまといましょう。

ポリ袋でつくられたビニール合羽《がっぱ》の「防臭着《ぼうしゅうぎ》」が人数分用意されていた。一人の男子に着方を教えると、その格好に笑いが起こる。「みんなにこれを着てもらおう！」との小泉さんの号令に、女子から「やだー」との声。「やだなんて言わないで、こういうときは

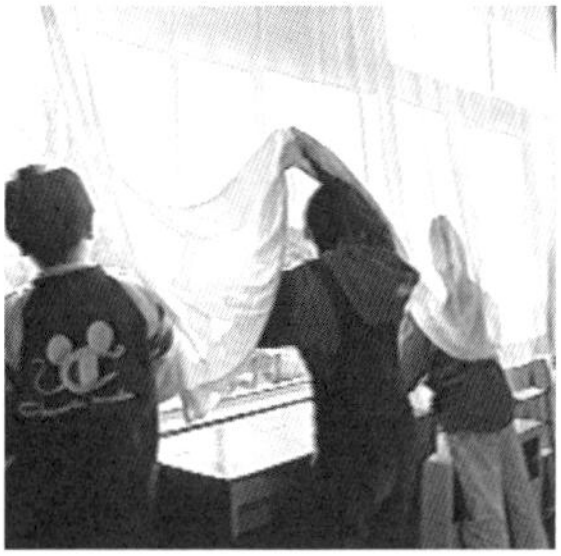
窒息すると困るから

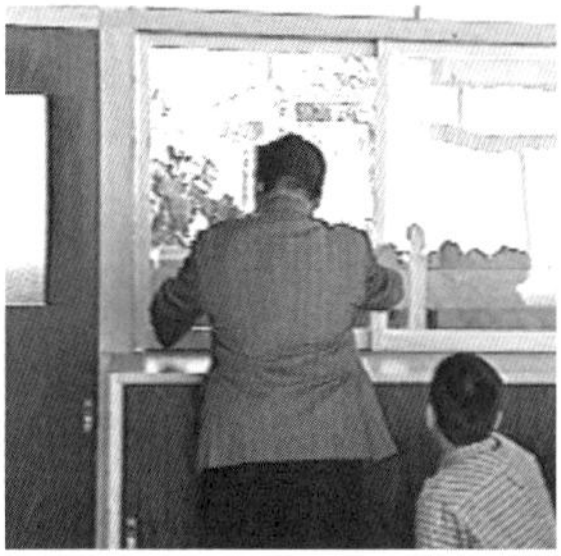
廊下側の窓も開けよう

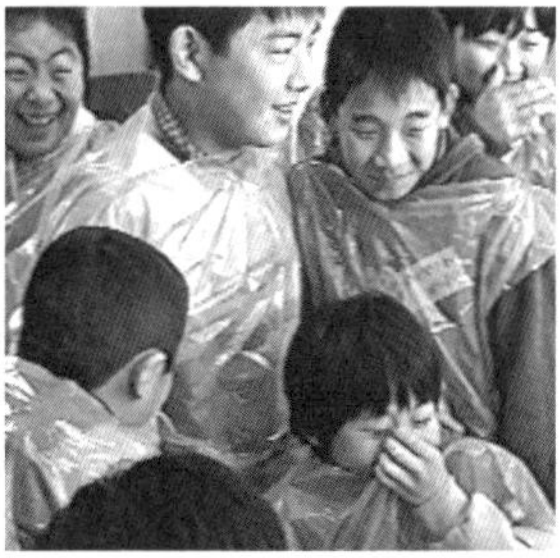
開けるときは何かを身にまといなさい

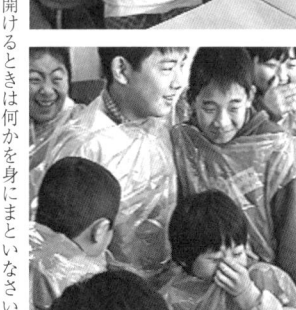

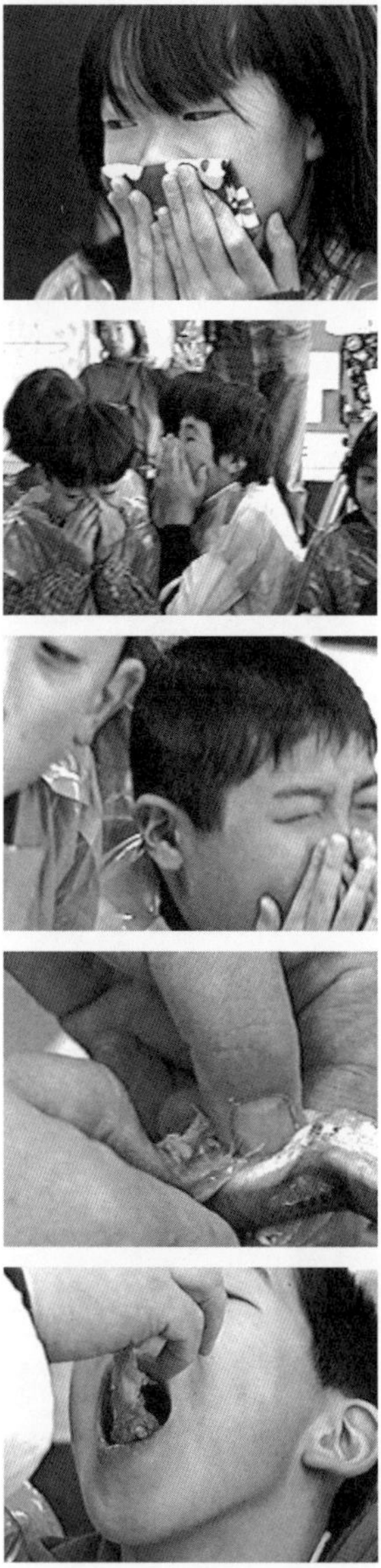

魚を割く

先輩のいうことを聞かなきゃならないんだよ。ハイ、着て着て」と催促《さいそく》しながら、小泉さん自身も白衣をまとった。

小泉　（開ける場所を定めながら）危ないな。みんなこっちへ来い。集まって来い。逃げるなよ。

男子　警戒《けいかい》！

　小泉さんが缶を開けると、子どもたちは咳込《せきこ》んだり「オエッ、すげぇ！」「くせぇ！」「腐《くさ》った臭いだ」「おならみたいだ」と大騒ぎ。開けた窓際《まどぎわ》へ行って臭《にお》いから遠ざかる女子。ハンカチで鼻を覆う子どもたち。しばらくはパニック状態になった。

小泉　これがそうだ。ほら、臭《にお》いを嗅《か》いで。ちゃんとこの中には乳酸菌という微生物《びせいぶつ》がいて、発酵しています。向こうの人たちはこれをどのようにして食べるかというと、こうして（缶の中の魚を指でつまんで取り出して、掲げる）、ほら、こっち見て。こういうふうになってるんだよ。

酸味《さんみ》があって、しょっぱくて、うまい。先生、これ、大好き。

（おいしそうに食べる）幸せ。

男子　すげぇー！　うまそうだよ。

小泉　うまそうだよね。おっ、少年、挑戦するか！

男子　くださーい。（臭がっていた子どもたちの中の何人かは興味しんしん。食べたそうな顔つきで小泉先生に迫る。小泉さん、子どもたちに食べさせる）

食いたい、食いたい……。あ、うまいよ。

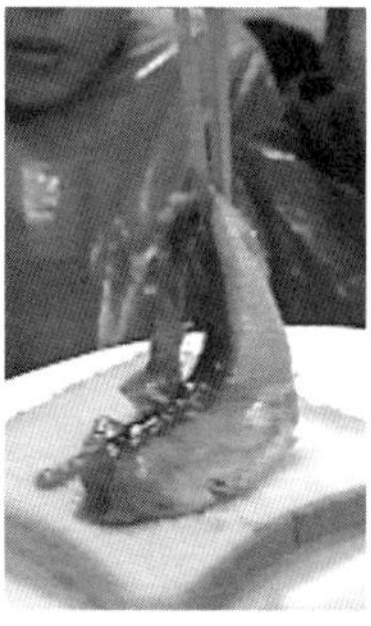

男子　うまい。

小泉　そうさ。くせになるぞー。

いろいろな発酵食品

小泉　君たちは、チーズは臭くないか？　チーズも臭いだろ？　発酵する食べ物っていうのは臭いが強い。

男子　チーズは食べ慣れてる。

小泉　そう、食べ慣れてるからなんだよ。うん、いいことを言う、そのとおり。納豆だって臭いだろ？　あれだって食べ慣れてるから大丈夫。

　スウェーデンの人たちにしてみれば、いわばこれは、向こうの人たちの納豆だもの。だからスウェーデンの人たちは、日本の納豆はあんまり好きじゃない。それと同じことね。これも発酵なの。

　こういう臭い食べ物は、何も外国ばかりにあるんじゃないんだよ。見せよう。（ボックスから取り出して）これは発酵してる鯖鮓《さばずし》。それからこれは君たちも知っているヨーグルト。これは臭くないな？　それから、これは「くさや」というんだ。匂い嗅いでみて。いい匂いだろ？

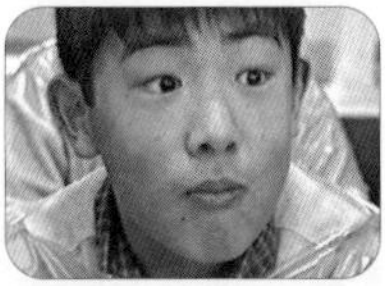

男子　ほんとだ。さっきよりはマシだ。

小泉　くさや、くさや。目が輝いてるな、おまえは。(笑)さっきのはスウェーデンのお魚の発酵で、くさやは日本の魚の発酵だよ。

これは、そのくさやをつくるときの汁だ。この匂いを嗅いだら、すごいよ。

男子　さっきと同じ。

小泉　さっきと同じだよ。こぼさないように、みんなに回して。

やはり君たちはこのビニール袋をまとっていてよかったね。これからいろんな臭いのが出てくるから。

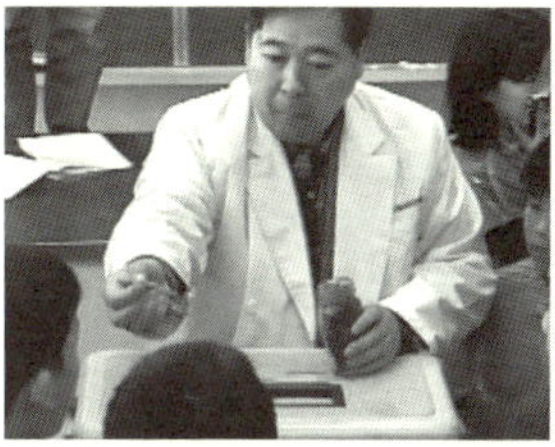
くさやを食べながら配る

奪い合う

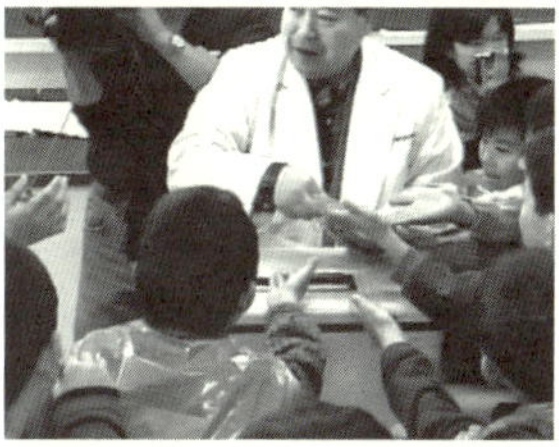
くさやに群がる

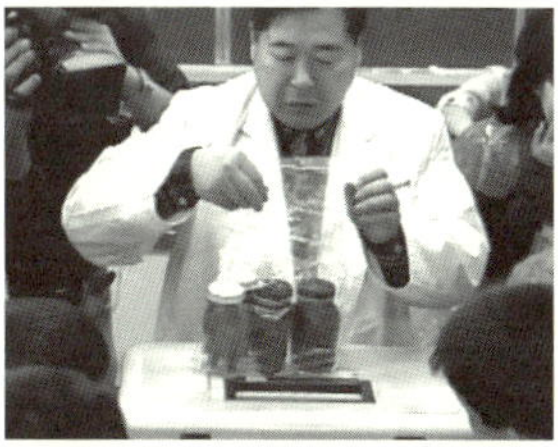
くさやのつけ汁

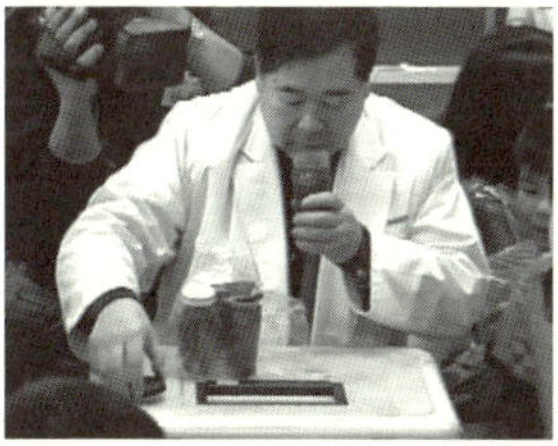
匂いを嗅いで

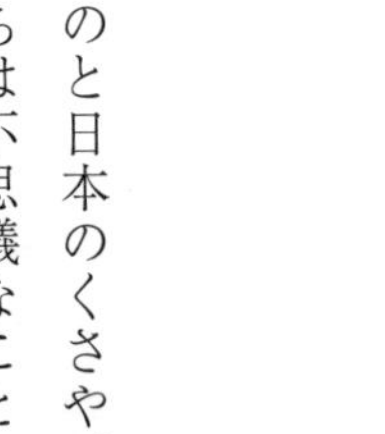

男子　なんかどっかの温泉の臭いがする。

男子　卵の臭いがする。

男子　硫黄《いおう》の臭いだ。

小泉　さっきのスウェーデンの魚の発酵したのと日本のくさや、実は非常によく似ているんだよ、匂いも何も。ただ君たちは不思議なことに、くさやは食べるけど、さっきのシュールストレンミングは、「ウワーッ」と言うだろ。これがね、民族の嗜好《しこう》というか、好き嫌いの違いが出ているわけ。

だから君たちの中でチーズ好きだって言う人も、イタリアのゴルゴンゾーラとか、それからニュージーランドのエフピアっていうチーズだったらおそらく絶対食べないだろう。そういう世界ね、発酵食品って。

まだ他にもある。これは何だと思う？　これはものすごいの。糠味噌《ぬかみそ》なのね。これはな、猛毒《もうどく》。フグの卵巣《らんそう》。フグの卵巣というのはテトロドトキシンという猛毒があるんだよ。トラフグの卵巣なんだけど、最初塩に漬《つ》けて二年置いて、それから糠味噌に漬けて三年置いて、食べられるまでに五年かかって、ここまで来たの。

ほら、ちゃーんとたまごがあるだろ？　卵巣というのはいちばん毒があるんだから。もし

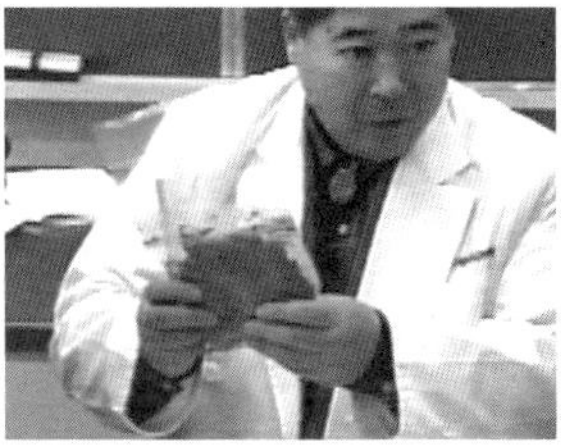
ふぐの卵巣

ほら、卵があるだろ？

猛毒、ところが食べます

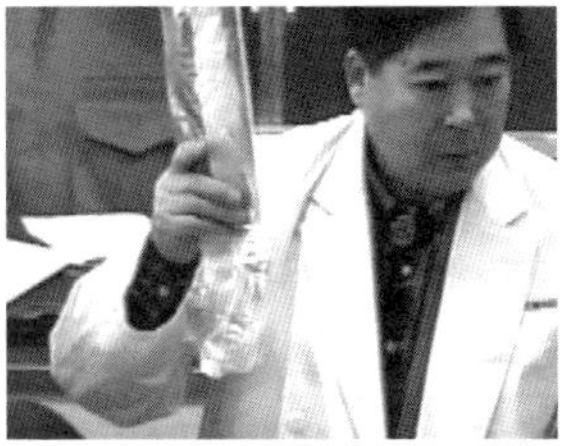
鯖の熟鮓

発酵させないで、先生がこれを食べたら、明日みなさんはわたしのお葬式に来なけりゃならない。卵巣のまま食ったら、みんなだいたい死んじゃう。そのくらいの猛毒。ホント猛毒よ。大学の先生、うそつかない。

　ところが先生、今、これを食べます。（おいしそうにフグの卵巣を食べる）おいしいなぁー。

　実はこれは発酵されていて、発酵する微生物というのが毒を分解してしまう。「解毒発酵《げどくはっこう》」といって、毒がなくなってしまう。人間にとっては猛毒だけど、発酵する微生物にとっては、これは猛毒でも何でもなくて、一種の食べ物なんだ。

　だから発酵というのは、すごい力を持っているの。君たちはさっきから臭いものは嫌いだと言うけど、発酵っていうのはそういう世界だけじゃないんだよ。抗生物質《こうせいぶっしつ》だとかビタミンとか、お薬も今はほとんど発酵なんだよ。

　これから発酵のお話をいろいろしていくけど、まずはすごい世界だなということに注目しておいてほしい。

　もう一つ、発酵すると保存ができるの。この卵巣の場合は何と五年かかってもこうでしょ？　もっとすごいのは、今から一五年くらい前に、トルコという国の山の方に行って、一七〇〇年前のチーズと出会った。一七〇〇年前のチーズ。ほんと、こんな石みたいなチーズでね、カッチンコッチン。それでそのチーズを石の上にのせて、その上からポンポンと石で叩《たた》いて、砕《くだ》けたチーズを食べるわけ。

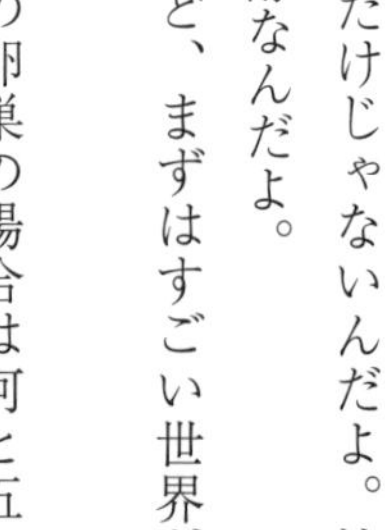

だから、発酵させると、こういうふうにいつまでも保《も》つ。サバなんていうのは、置いておいたらあっという間に腐っちゃうよな。ところがこういうふうにして鯖鮓《さばずし》にすると、一年も保つ。発酵するってことは、ものすごい世界なんだ。

　一グラムくらいの糠味噌漬けにどのくらいの生き物が生きているかというと、だいたい乳酸菌という菌が日本の人口の八倍くらいいる。八億匹《ひき》。本当だよ。すごい世界なんだ。

授業で　ニオイの測定

小泉　これは、「アラバスター」という機械で、においの強さが数字で測定できる。だれかの靴下の臭いだって測れるぞ。
男子　おれは清潔だから。
小泉　そうか。では、先生の靴下でやってみるか。（笑い）先生の靴下は汗かいてるからな。
男子　六七？　あっ、ちょっと上がって六九。
小泉　六九だと、臭いはほとんどしない。先生は清潔である。ところが、シュールストレンミングはどうだ？　一〇〇〇……二〇〇〇……。
男子　わぁ、すげぇ。
小泉　もうだめです。これ以上測れません。最高限界の二〇〇〇まで行っちゃって、もうおしまい。
　この機械で計測した結果は、今のシュールストレンミングが実際には八〇〇〇くらい。韓国の食べ物、魚のエイの発酵食品「ホンオ・フエ」が一二〇〇くらい。これもとても臭い。数字ではいかにシュールストレンミングが臭いかがわかるよね。
　それから、さっきのくさやの焼きたてが八〇〇くらい。「鮒鮓《ふなずし》」という食品は、四八〇。納豆が三八〇。で、先生の靴下はいくつだったっけ？
男子　六九！
小泉　六九、先生は非常に清潔だな。（笑い）
　世界の「臭い食べ物ベスト五」の中に、日本のものが三つも入っているんだね。日本人は実は発酵の匂いがとても好きなわけだな。

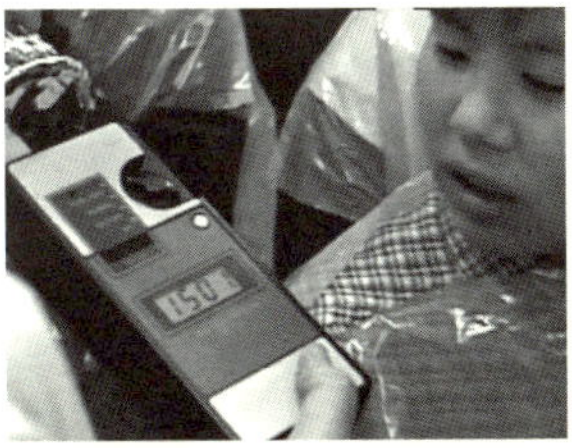
におい測定器

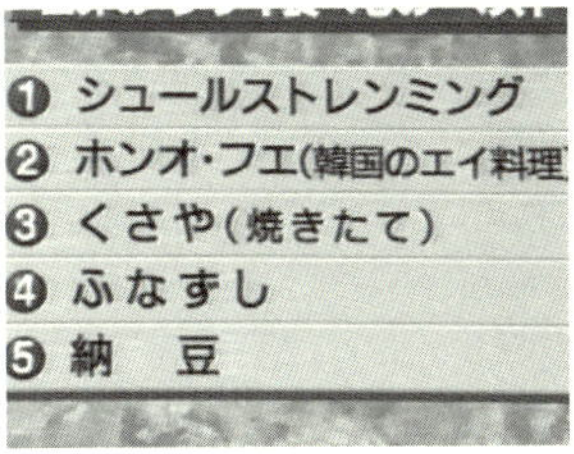

臭い食べ物ベスト五

サンマの熟鮓《なれずし》

小泉　君たちは、サンマは好きだろ？　これはサンマの熟鮓《なれずし》。サンマが何と、三〇年間発酵するとこうなるの。

　サンマはそのままにしておいたらすぐ腐っちゃうだろ？　ところが三〇年間サンマを発酵し続けると、こんなヨーグルトみたいになっちゃう。

男子　ほんとだ！

小泉　今度はいい匂いだね。お酒の匂いみたいだ。

男子　いい匂いだ。

小泉　サンマとご飯を発酵させると、このようになる。いつまでも保存できて、お酒の肴《さかな》になるわけだな。お酒の匂いがするね。

男子　食ったらうまいの？

小泉　ヨーグルトみたいな味がする。みんなでなめよう。

男子　なめるの？

男子　パンにつけて食べてみたい。

小泉　さあ、食べてみろ。

男子　さっきよりマシだけど……。

小泉　マシか？

男子　これは飲むしかないよ。あーっ。（笑い）

男子　うまいか？

男子　酸味《さんみ》が効《き》いてて……。

男子　日本酒と何かが混ざった味。

小泉　このサンマの熟鮓は、発酵するとビタミンがものすごくいっぱい増えるの。微生物がビタミンをつくるから。だから昔の人たちのビタミン剤なの。そういう意味で、これは薬の壺《つぼ》に入っていたの。（小泉さん、口に入れながら）うまいなあ。ほんとに酒の肴にいいなあ。（笑い）

三〇年もの

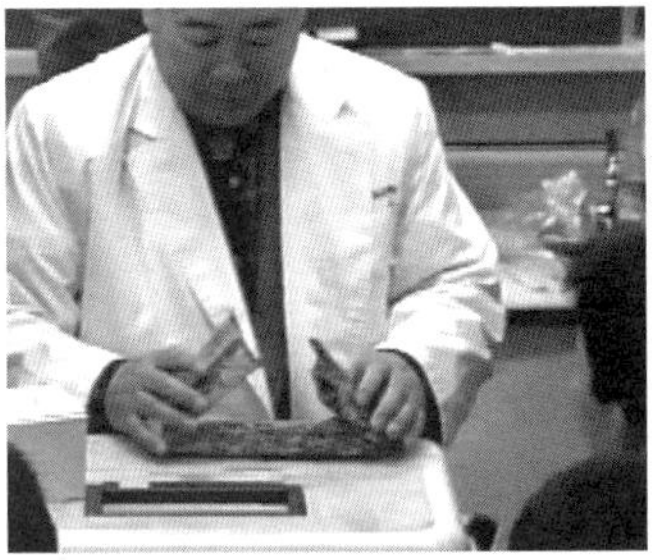

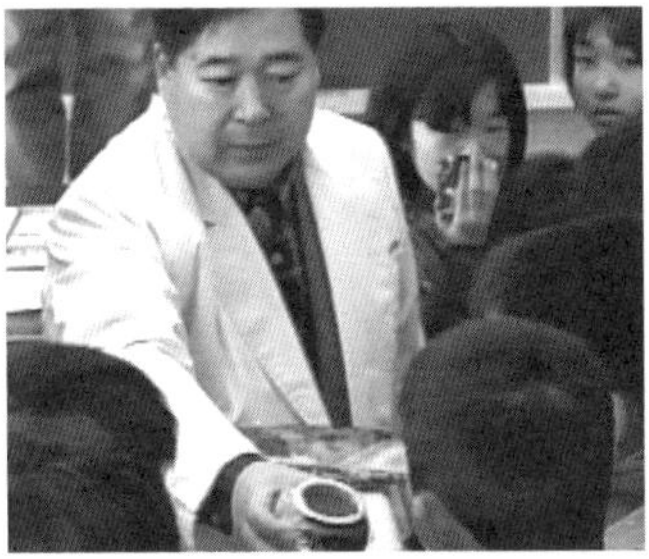

サンマの熟鮓

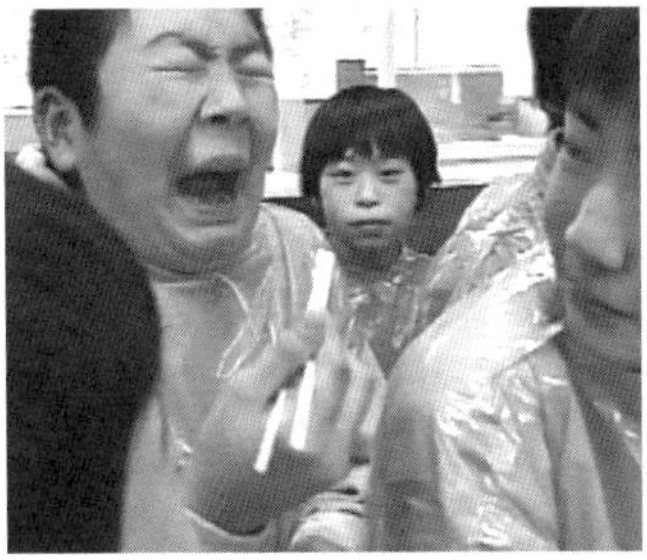

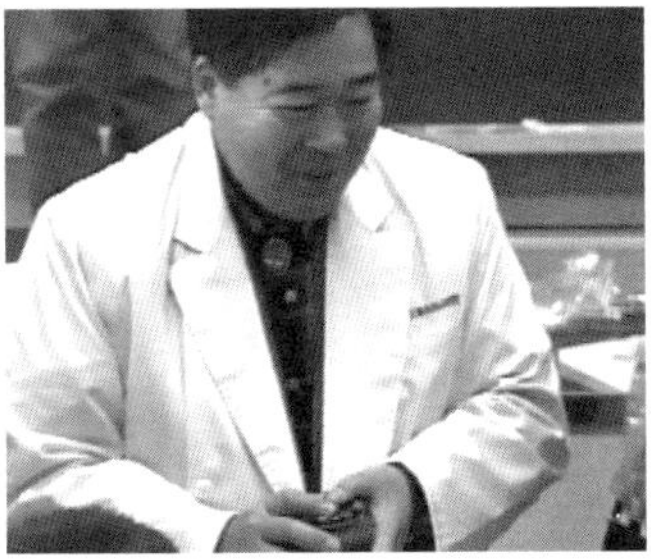

腐敗《ふはい》と発酵の違い

腐った臭《にお》いと発酵の匂《にお》いの違い

小泉　先ほど、発酵の匂いを「わーっ、嫌だな」って、君たちは言ったろ？　だけど、もっとすごい臭いがあるの。ちょっと見てみる？

男子　えっ、あるんですか？

小泉　あるの。さっきね、「わーっ、何だ？　これは腐《くさ》ってる！」と言った人がいたな。

実は腐ってる臭《にお》いと、発酵してる匂《にお》いはぜんぜん違うんだよ。これからちょっとね、腐ってる臭いを君たちに嗅《か》がせよう。

男子　えー!?

女子　こんな物をー。嫌だー。

腐ったサバ

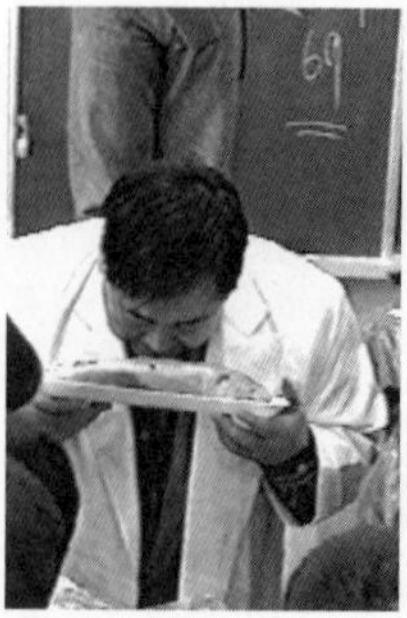

小泉　こっちの方が逃げるかもしれないなあ。（箱からビニール袋を取り出す）

さっき、シュールストレンミングを食ったら「わーっ、腐ってる」って言った人がいたろ？　実は腐ってるのはこっちだ。

男子　えー？

小泉　うわぁー、これは腐った臭い。

男子　カボチャが入ってるんじゃないの？

小泉　いいか、ちょっとこっち見なさい。これがサバの腐ったの。これを食べたらもう大変なことになるよ。食中毒になっちゃうよ。

男子　あー、嫌だ。

小泉　これは牛乳が腐ったの。

子どもたち　うえぇー。

小泉　臭《にお》い、嗅いでみる？

子どもたち　いい、いい！

小泉　強烈な臭いだろ？　腐るとはどういうことか、これからゆっ

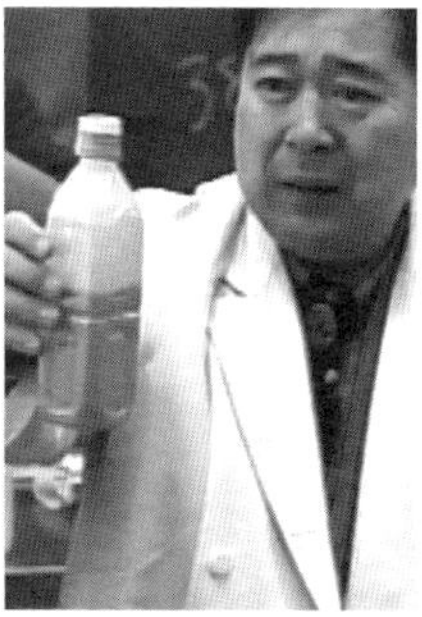

腐った牛乳

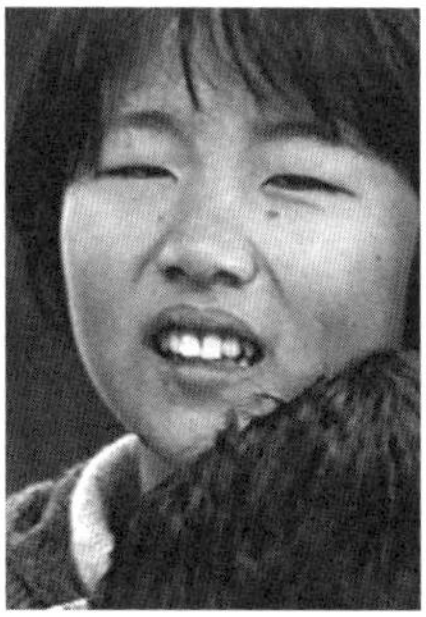

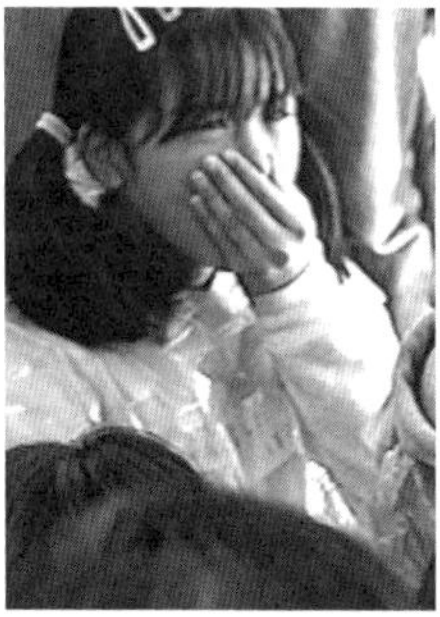

くりお話するけども、これは怖いことなのよ。腐るということはものすごく怖い。

「O－157《オーイチゴーナナ》」という大変な食中毒事件があったよな？　つまり腐る微生物というのは、ベロ毒素とかいう猛毒をつくってくるのね。

さて、この腐ったイヤーな臭いと、さっきの発酵した匂いは、違うはずだ。

動物もそうだけど、人間には鼻がある。これを初めて食べる人が「これ、食べてみろ」って言われて、いきなり口の中に入れる人はいない。必ず無意識のうちに、鼻に持っていって「これ食べられるかな？　食べられないかな？」ということを、動物的な本能で嗅《か》ぎ分ける。

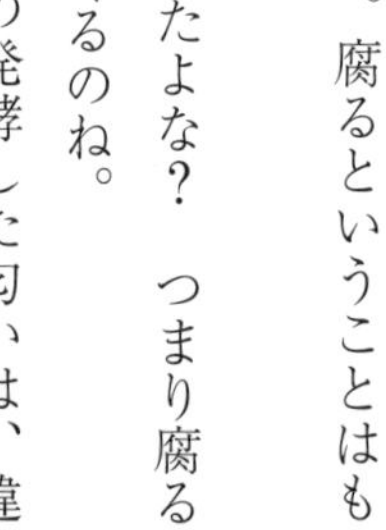

男子　おじいちゃんがよくやってる。
小泉　そうか。腐っている臭いを嗅いだら、おそらく「ああ、これダメだ」。ところがさっきの発酵した匂いというのは、そうじゃないぞ。「これ、食べられる」と、奪い合うようにして食べるだろ？

嗅ぎ分ける

小泉　こちらは腐ったサバ、こっちは発酵したサバ。どう？　おまえたちがこれ食べてみろって言われたら、この臭いで判断したらどっちを食べるか？

男子　見た目でそっち（熟鮓）がいい。

小泉　臭いだ。だってこっち（熟鮓）だってさ、見た目だったら「なんか腐ってんじゃないか？」っていう感じするよ。

でも、この匂いはいい匂いだね。ほら、おいしそうな匂いだろ？　発酵している匂いだよ、これ。

じゃあ、今度は腐ってる臭い。さあ、どうぞ。

男子　うわぁー。

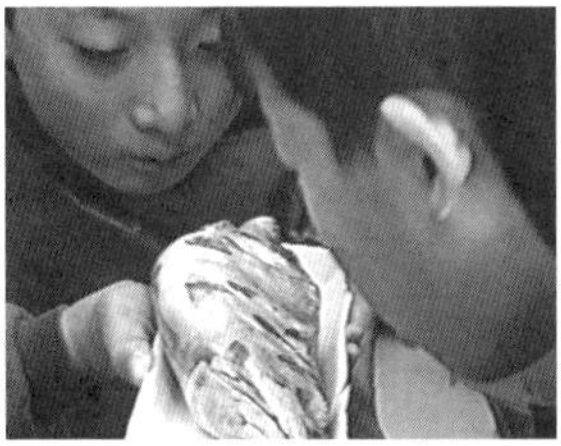

熟鮓の匂いを嗅ぐ

腐ったサバの臭いを嗅ぐ

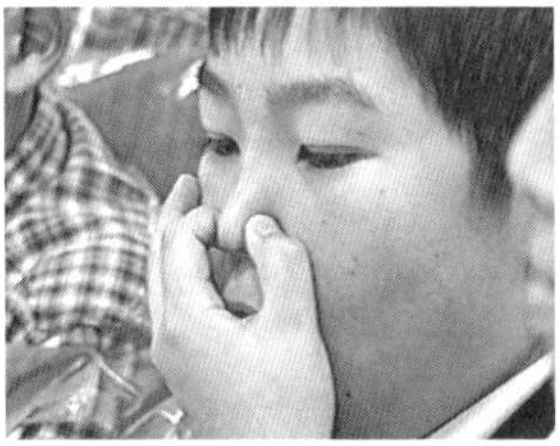

どう違う？

女子　あー、嫌だ。
男子　ただ生臭《なまぐさ》いっていうだけだよ。
小泉　違う違う、怖いぞ。人間というのは鼻ででも、腐ってるか食べられるかを判断するわけだ。
　このにおいを嗅ぎ分けた感想は？
男子　腐ってるのは、気持ち悪くなる。
男子　吐《は》き気をもよおす。
男子　発酵の方は大丈夫なんですけど、こっちはなんかすごい強力な臭いがする。
小泉　強烈だね。だからそれが、一つの注意信号なんだ。腐ってる物を食べちゃいけない。
　では、ここはちょっと臭すぎるから、教室に行きましょう。

授業 2
「発酵」って何だろう？

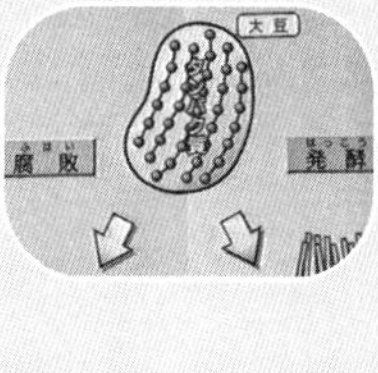

発酵食品は人間の知恵

家庭科教室から普通教室へ移動すると、教壇の前には酒や醤油《しょうゆ》、漬《つ》け物に味噌《みそ》……、そして抗生物質《こうせいぶつしつ》などの医薬品まで、身近な発酵食品が並べられていた。

鰹節《かつおぶし》も発酵

小泉　ずいぶんいっぱい発酵食品が並んでいる。発酵食品だけじゃないな。これは、抗生物

お酒・醤油・酢など

味噌

漬け物

薬品

チーズ

質。手を切ったりすると薬をつけるでしょ？　昔はこういう薬がなかったのでみんな大変だった。それから手術のときに化膿《かのう》すると大変なことになるけど、こういう抗生物質で防ぐ。

ビタミン剤もある。これらは全部、発酵でできている。でもこれは発酵の中でもほんの一部分だよ。君たちの生活の中でも、チーズなども発酵だよ。

では、発酵とはどういうことか、今、これから話します。

男子　鰹節ってこんなにかたいの？

小泉　かたいよ。鰹節を初めて見た人？

（子ども大勢が手を挙げる）へええ。それじゃ、このかたい鰹節を食べるのにどうして食べると思う？　こんなにかたいのにどうする？

男子　削る。

小泉　何で削る？　大工さんが使うカンナってあるだろ？　カンナも見たことない？

男子　ある。

小泉　これが鰹節。何でこれが発酵だと思う？　実は、この表に泥《どろ》みたいなの付いているだろ？　これは実はカビなの。鰹節はかたいね。世界でいちばんかたい食べ物だよ。

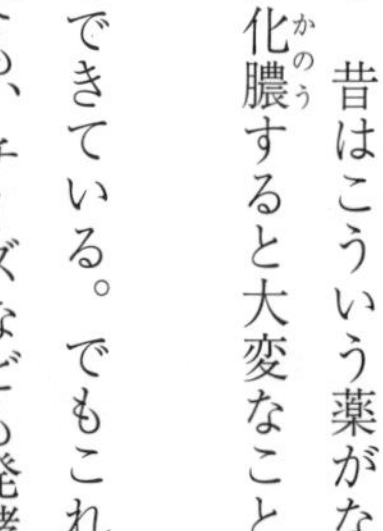

鰹のお肉はお刺身《さしみ》で食うぐらいやわらかいよな？　どうしてこれがこんなにかたくなるかというと、鰹を一回煮て、それから煮た鰹を煙《けむり》でいぶすの。それを「ナマリ」っていうんだけど、それではまだ鰹節じゃない。それにね、カビを付けるのね。そうするとこういうふうになる。

カビは、よく梅雨《つゆ》のときにいっぱい生えるけど、カビはすごく水が好きなの。水がないと生きていけない。そうすると、カビがここに入ると、鰹節の表面には水があんまりないから、ここで生きていくために、この中から水を吸い出すんだよ。カビを生やすと、中にあった水が全部表面のカビの方に引っ張られていっちゃう。

それで三回カビ付けをする。一番カビ、二番カビ、三番カビってカビ付けすると、中の水

鰹節

拍子木みたいにかたい

この泥は実はカビ

鰹節の中にある水は外へ

は、もう全部なくなってしまって、カチンカチン（小泉先生、鰹節を叩く）、拍子木《ひょうしぎ》みたいになっちゃう。

生のイカはすぐ腐るけど、スルメも乾燥したら腐らない。水がないから。

それからもう一つ、いいこと教えてあげる。鰹節を削ったものがこれだろ？　これで出汁《だし》を取ったときに油が浮かないね。不思議だなあ。だって鰹には脂がいっぱいあるんだよ。

どこ行っちゃったのかな？　これもカビがどんどん増えていくときに、脂を分解してくれてるの。脂を分解する物質、「リパーゼ」という物質を出してね。

だから発酵食品というのは、人間の知恵なんだ。発酵食品がなかったら、または発酵の世界がなかったら、お父さんも寂《さび》しいし、悲しむ。お酒がなかったら、わたしなんていちばん悲しむ。ワイン、ビールもそうだよ。これ全部発酵。

目に見えない微生物が、君たちや我々人間のためにものすごい働きをしてくれているんだよな。漬け物、味噌、それから納豆。

なんでこれ、洗剤《せんざい》なんて。洗剤は発酵ですか？　ほら、最近、酵素《こうそ》入り洗剤っていうのがあるでしょ？　この酵素というのも発酵でできている。歯磨《はみが》き粉にまで入っている。

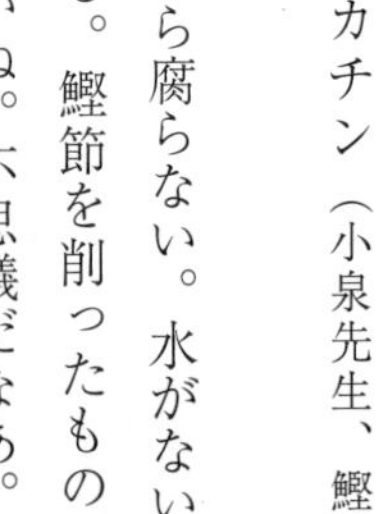

朝、君たちがご飯を食べる。発酵の世界と関係してないことはないんだよ。無縁ではありえない。例えば朝、納豆。納豆食べない人も、卵に醤油《しょうゆ》をかける、これも発酵だね。味噌汁、漬け物、全て発酵。

「いや私は日本料理は食べません、私はパンです」と言っても、パンも発酵だよ。それから「私はドレッシングが好きですから」と、ドレッシングはお酢《す》を使うからこれも発酵だ。口に入るものっていうのはだいたいみんな発酵なんだね。

だから発酵の世界っていうのは、いかに君たちの生活の中に密着してるか。味噌、醤油、酒、と言っていたけど、実はそれは発酵の全生産量の一七パーセントでしかないんだ。あとは医薬品から調味料。それから環境の問題。水が汚いとき、どうする？　会社では水を発酵させて、きれいな水にして流すだろ？　そうでないと水なんて、川なんていつも汚い。

良い微生物と悪い微生物

小泉　では、発酵って何だろう？　目に見えない微生物が、人間のために有意義な物質をつくってくれることを発酵という。悪いものをつくるのは発酵じゃない。

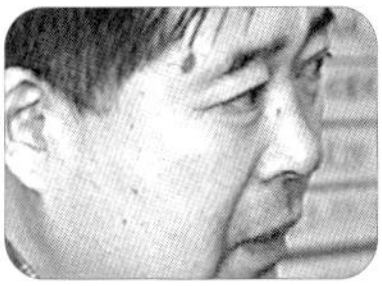

悪いのは腐敗《ふはい》。発酵と腐敗というのは天国と地獄くらい違うんだ。発酵は、人間のために微生物がいいことをしてくれること。その微生物の主なもので君たちが知っているのは、カビだ。

おもちを置いておくとカビが生える。みかんを置いておくとアオカビが生える。あの青いカビで薬をつくったのが抗生物質。それから酵母はパンをつくる。お酒をつくるのも酵母だ。それから細菌のバクテリア。バクテリアなんていうと、ああ嫌だなあと思うかもしれない。ところがそうじゃない。チーズは、乳酸菌というバクテリアでつくってもらってるんだよ。代表的なのは、麹《こうじ》カビ。この細菌では乳酸菌とか、お酢をつくる酢酸《さくさん》菌、それから納豆菌なんていうのがそうだな。

こういうのは良い微生物なんだな。悪い微生物だっているんだぞ。

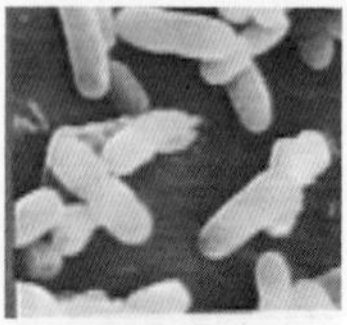
乳酸菌

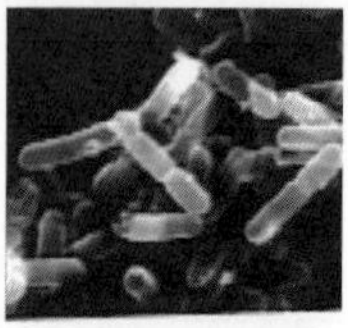
納豆菌

アオカビ

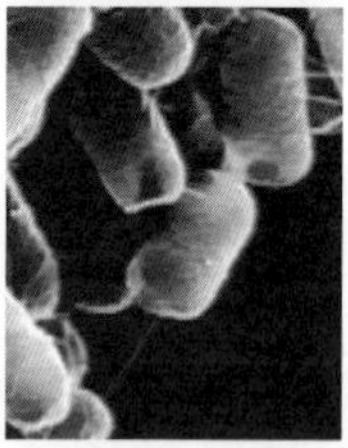
O−157

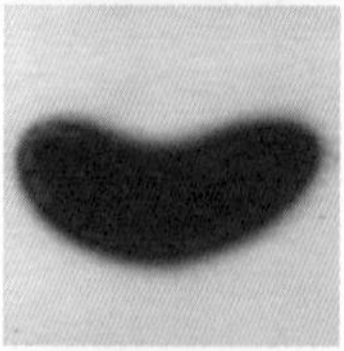
コレラ菌

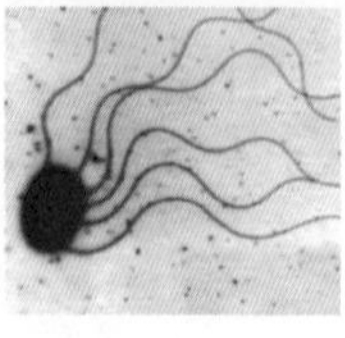
サルモネラ菌

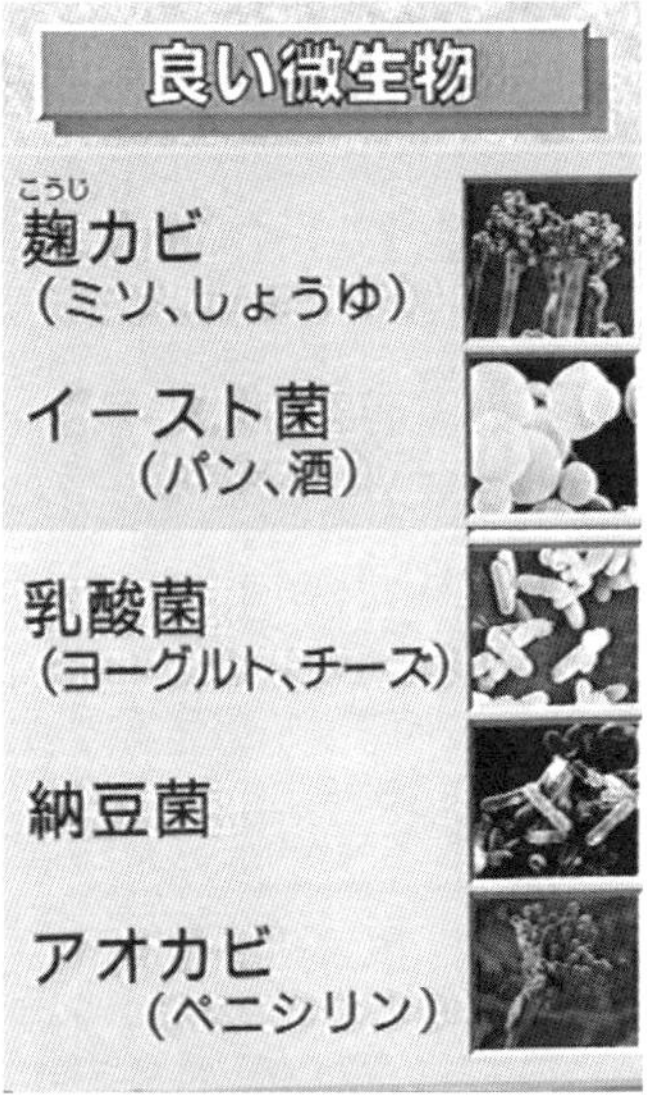

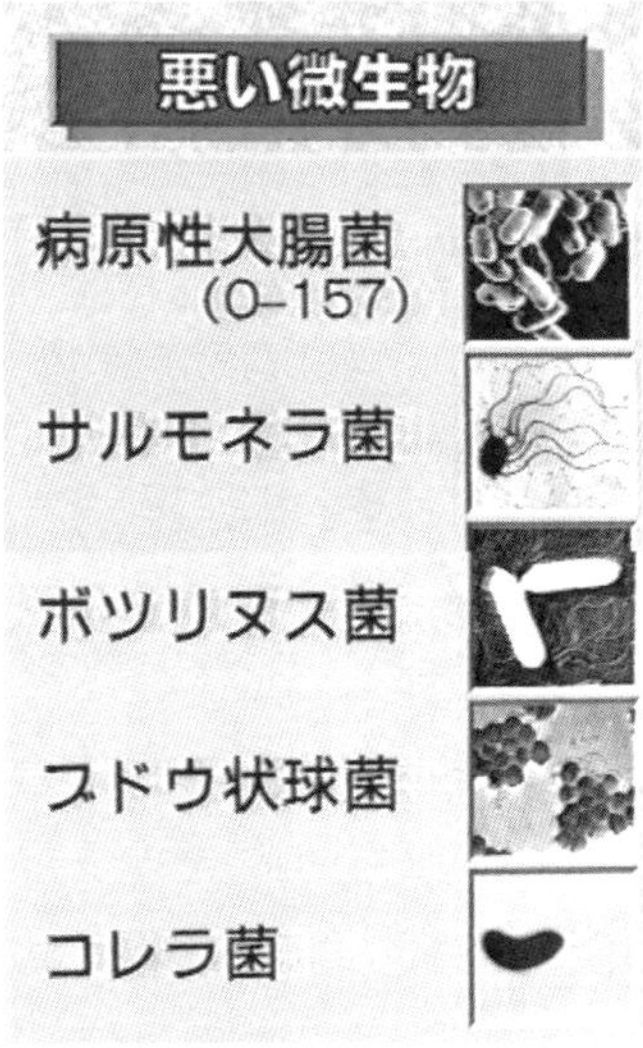

この写真とパネルを見てごらん。良い微生物は、今言ったカビ。味噌とか醤油とかお酒もつくる。それからイースト。これはパンとか日本酒とかをつくる。ワインもそうだ。それから乳酸菌、納豆菌。こういうのは細菌だな。それからアオカビ。カビではペニシリンとかつくったりする。このように、良い微生物はこちら側。

それに対して悪い微生物。あのO－157《オーイチゴーナナ》。あれで、ずいぶん給食事情が変わっただろ？　あれはすごい病原性大腸菌なの。こういうの、こういう形してるんだ。憎らしい形してるね。

それからサルモネラ。ウジョウジョウジョって感じするだろ？　ボツリヌス。これは怖い。この菌が身体の中に入ったら、ほとんどの人が死んじゃうんだよ。これは非常に怖い菌だ。それからブドウ状球菌。よく君たちがその辺で遊んでいて、切り傷にすぐ薬をつけないと膿《う》んでくる。あれはこのブドウ状球菌だ。

コレラ、ペスト、赤痢《せきり》などもそう。これは悪い微生物。だから微生物っていうのは良い微生物と悪い微生物と二つに分かれている。

それでは、今まで話したことをまとめてみるよ。良い微生物は、発酵などによって人間のためにいいことをしてくれている。悪い微生物は、二つの大きないたずら、悪いことをする。

その一つは、病気を起こす。風邪《かぜ》になるのも、あれはウイルスという悪い微生物のせいだ。

もう一つは、食べ物を腐らせてしまう。これを腐敗させるという。

授業で

微生物は身近にどれくらいいるか？

今、ここにあるコップはだいたい二〇〇㏄くらい。これをエイッと振って手でふさぐ。すると梅雨時では、だいたい二〇〇〇匹くらいがこの中に入る。通常ではだいたい二～三〇とか五～六〇。

君たちの体にも微生物はいるんだ。わきの下には一㎝角の広さに、「サルシナ」という微生物が、だいたい多い人で三〇〇万匹。

大げさなことを言ってると思うかもしれないけど、君たちの足の裏の微生物を調べた結果を見せよう。君たちの足を培養寒天に載せたら、微生物がなんと足の形で出てきました。これはだれがやっても出てくるよ。わたしだって出るよ。これは君たちと同居している微生物だぞ。大事にしろよ。

微生物は、実はどこにいるんだろう？　見えないもんなあ。微生物はものすごく小さい。例えば、お酒やパンを発酵する酵母は、一ミリを一〇〇〇等分した一つくらい。だから見えるわけがない。納豆菌とか乳酸菌は一ミリの一万分の一くらい。

ところが微生物は、空気中にいっぱいいる。どのくらいいるか。さあ、注目！　実は君たちの目が顕微鏡だったら大変だよ。空気中にはものすごい微生物がいる。微生物は見えないから、

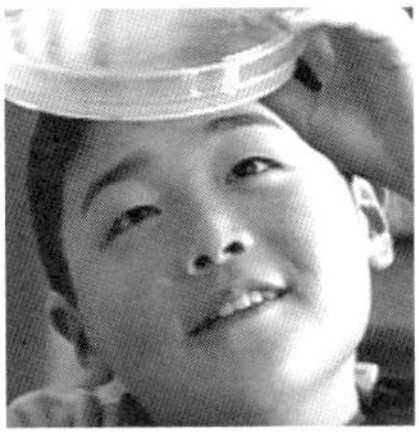

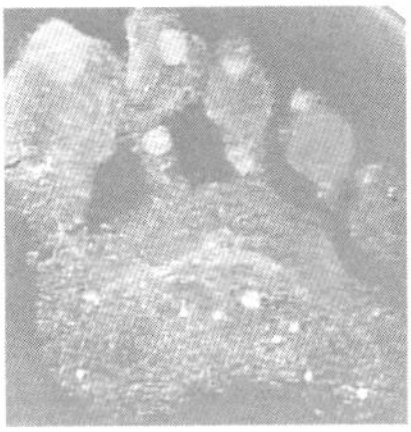

自分の足にいた微生物

発酵の歴史と発酵の仕組み

昔の人はどうして発酵に気づいたか

小泉　大昔の人たち、昔の人たちは、この発酵食品をどうして気づいたと思う？　わからないかな。ちょっと質問が難しいかもしれない。

なぜこういうものを人間がつくるようになったか。それはね、発酵することによって腐敗が抑《おさ》えられるからなんだ。昔は冷蔵庫がなかった。冷蔵庫なんていうのは近代的なものだ。では、冷蔵庫がないときに、どのようにして物を腐らせないようにできるか？　一つの方法は、塩の中に入れて塩分で微生物を寄せつけない。もう一つは乾燥させて寄せつけない。

さらに三つ目が、発酵させることなんだ。発酵させると、悪い菌が来ないんだ。おもしろいね。それをちょっと、先生がおもしろいパネルで説明してみよう。

よし、君、パネルガールだ。持つの、持つの。いいな、似合うぞ。（笑い）

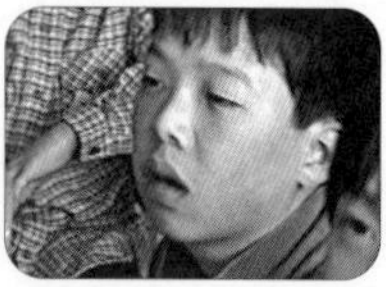

納豆はどのようにして発酵させるか

小泉　例えば、納豆。これは身近だね？　納豆というのは煮《に》た豆を原料にする。煮た豆というのはこれ、大豆。

納豆づくりは午後から実習でやるからね。楽しいね。はいはい、静かに。

煮た大豆を、この稲藁《いなわら》だよ。稲藁の中に入れる。

実は、稲藁の中に納豆菌がいっぱいいいるんだ。納豆菌は稲藁が大好きなの。

納豆菌は、ニコニコして「オレは納豆菌だー。何か食いたいなー」って。そのときこの煮た大豆をこの中に入れると、納豆菌は、もう豆大好きだから、「ワー、豆が来た！」って食べるんだ。大豆の主成分のタンパク質というのは、アミノ酸が一つひとつ長く繋《つな》がっています。もし君たちが全部アミノ酸だったら、みんなで手を繋げばそれがタンパク質だ。そして納豆菌はこんな大きい物を食えないから、アミノ酸の繋がりを一つひとつ切っちゃうの。酵素というのを出して。

切ると、うまみの成分のアミノ酸が出てくるわけだ。だから納豆はうまいんだよ。

それと同時に納豆菌がここへ入ってくると、空気中には他の菌もいるわけ

だから、納豆菌よりも他の菌が来ちゃったら困る。そこで実は、自然に納豆菌がつくってくれる抗菌性の物質によって他の菌がやられるんだ。他の菌を「ドーンッ！　おまえは来るな！」ってやっつけちゃう。だから納豆は、納豆菌だけがここで納豆をつくってくれる。

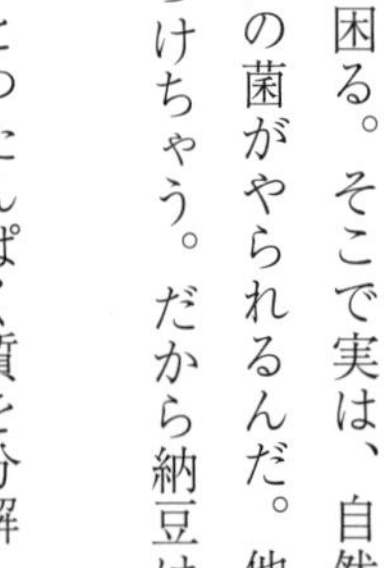

ところが、腐敗菌も同じくやっぱり一つひとつたんぱく質を分解して、うまみの成分のアミノ酸にするんだ。納豆菌と違うのは、この「毒」。毒をつくるんだよ。この毒のせいで、それを食べると、例えばO－157なんていうベロ毒素とかによって、大変なことになってしまう。そうなると、吐き気はする、下痢《げり》はする。ひどい場合には身体から出血したり、もう大変な腹痛になる。さらに、呼吸ができなくなったりなんてことも起こる。これはもう、腐敗。食べられない。

こうやって発酵でできた方は、納豆の納豆菌でいい匂いがするし、そっちは腐敗の臭いがする。どちらかは、さっき嗅いだように鼻でもわかる。納豆の方はぜんぜん腐敗の臭いがしない。

このように腐敗と納豆は自ずから、同じ大豆でも、付く微生物によって全く違う。人間は納豆菌を利用して、腐敗を排除してきた。そういうことを考えた昔の人たちって偉いな。

「最近、スーパーマーケットなどで売ってる納豆は、全部ポリの箱に入っていますけど、あれはポリの箱にも納豆菌がいるんですか？」って。あれは違う。納豆菌を取り出して、納豆菌だけを蒸《む》した大豆に振り掛けてやるから、あそこで納豆ができる。だから今はこんな稲藁《いなわら》なんて使わない。でも、稲藁納豆はとても懐かしいしすばらしいから、今日の午後は、この稲藁で納豆を君たちにつくってもらおう。そしてそれを明日、飯炊《めした》いて食おう！　うまいぞ。

子どもたちからの質問

小泉　これで君たちは今日、腐敗と発酵のすごい世界を見てきました。今までのことで何か質問があったら、何でもいいから質問してください。

男子　どんな物でも発酵させられるんですか？

小泉　いい質問だなあ。どんな物でも発酵させられるのか。先生は、それはちょっとできないと思う。

なぜかって言うと、じゃあ、このガラス瓶《びん》を発酵して食えるか？　できないよな。それからこの机を発酵して食っちゃえるか？　それはできない。

発酵が行われるのは、たんぱく質や炭水化物など、発酵微生物の好きな物

質があればよい。だけど、微生物にとっても餌《えさ》がなけりゃだめだからね。そこに自分の食べ物があるから、自分の子孫を増やしていけるわけ。

納豆もみんなそう。だからその発酵する微生物がいちばん好きな食べ物があればいい。

ただし、食べ物以外でも発酵はあるんだよ。例えばお薬。抗生物質とか、最近はガンの薬やエイズの薬も、発酵で今どんどんつくられ始めている。

それから、生ゴミ。生ゴミはどうしようもないだろ？　昔は堆肥《たいひ》というのをつくっていた。その堆肥も発酵なんだよ。これは人間のためにいいのだから。

他には、水をきれいにする、これも発酵。環境関係もそうだ。というように、今質問があったように、何でも発酵するわけではなくて、微生物が食べてそれをエネルギーに置き換えるような食べ物があれば発酵するわけ。微生物は生き物なんだから、人間と同じようなものがあると発酵してくれる。

豆を発酵して味噌にしたり納豆にしたり。牛乳も好きだから、チーズにしたりヨーグルトにしたり。おもしろいものでは、鉄を食べるバクテリアもいるんだ。食べるというよりも、鉄に作用して鉄を酸化してそのエネルギーで生きていく。こういうのもいるからね。まさに

発酵の世界というのはすごい世界だ。いい質問だったな。

もし、他に質問があれば、先生は明日の夕方まで、おまえたちといっしょだから、先生を困らせてやる質問をしてやろうという考えで向かって来い。

男子　六三か国を回って、いちばんおいしかった食べ物は何ですか？

小泉　いちばんうまかった食べ物か……。そうだね、中国で食べた「竹虫《たけむし》」というのがある。竹の中にいる虫なんだけど、それを焙烙《ほうろく》（素焼きの土鍋）というので煎《い》って食べる。それが甘くてね。非常においしかった。

それからね、どこの国にもおいしいものはあるけど、韓国に行ったときに食べた焼肉はうまかった。それから、韓国のキムチは実においしい。ちょっと贅沢《ぜいたく》だけど、フランスに行ったときにね、キャビアをいっぱい食べた。これはもう、とってもおいしかった。うまいもんいっぱい、世界を歩いているとおいしいものをいっぱい食べることができる。君たちも食の冒険家になれよ。素質あるぞ。

給食時間に

小泉先生が教室のベランダでくさやを焼く。学校中に臭いが充満し、教室の前を通る子どもはみな鼻と口を手で押さえて歩く。

男子　小学校のころはどんなふうに腕白でしたか？

小泉　おれかい？　腕白。いたずらをよくしたなあ。それから何でも食べてやろうとか、何でも挑戦してやろうという心が、ずいぶん小さいころからありましたよ。

発明も好きだった。例えば自動イナゴ捕り機。

男子　それはうまくいったんですか？

小泉　いやあ、失敗しちゃった。

それからネズミ自動捕り機というのを発明したが、これは成功した。リンゴ箱を利用して。ネズミはいっぱい捕ったなあ。あるときに箱が重いか

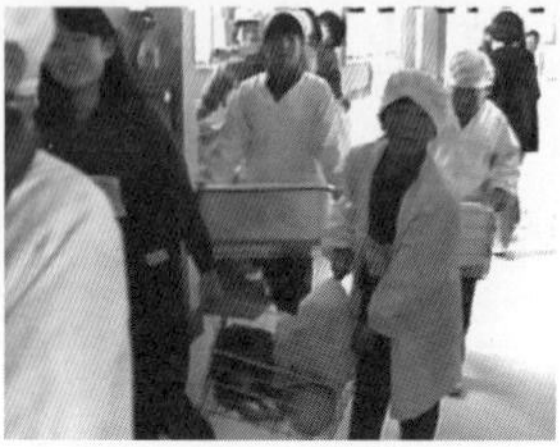

給食風景

ベランダでくさやを焼く

廊下を通る下級生

七輪とくさや

発酵学者の特権ですね

子どもがくさやを発見

先生からくさやをもらう

らネズミをいっぱい捕ったと思ったら、野良猫《のらねこ》だった。（笑）ネズミを食べに野良猫がきちゃった。
毒キノコを食べてお腹が痛くなって、病院に行ったこともあった。今の君たちとは全く違う生活をしていた。

タクラマカン砂漠で

小泉　ぼくは、小さいときから冒険が好きだったんだ。あそこの山、先生の実家の山なんだけど、上に上がっていって、もみの木の枝で木の上に家をつくって、そこで夏休みに一週間ぐらい生活したことがある。君たちぐらいのとき。

モンゴルに琵琶湖と同じくらい大きい湖があって、数年前その湖に行った。いかに幻想的な景色かというと、草しかない丘に大きな湖が広がっている。

大平原。草の海の世界だ。馬に乗ってずっと走れば楽しいさ。

とてもきれいな風景で、先生はここで牛と遊んだ。このような大平原には木が一本もない。

白く見えるのは塩。風が強いから水が蒸発して塩が吹く。だから海から遠いところは塩がないことはなくて、山の中でも塩が吹き出している。

冒険のすばらしさは発見と出会いだね。すごいものをわたしは見てきたよ。土に穴を掘って魚を発酵させ、貯蔵しておく。草で熟鮓《なれずし》をつくるとか。

それからタクラマカン砂漠に行ってきた。いや暑かった、暑かった。気温がすごい高いんだぞ。ここの気温は四六度。ただ、猛烈に暑いんだけど、湿度がないから嫌な感じではないのね。この辺の年間降雨量は、八ミリ。いかに八ミリが少ないかというと、日本では一回台風が来ると、一晩で五〇〇ミリとか六〇〇ミリも雨が降る。ヨーロッパで一年間に降る雨の量は七〇〇ミリくらい。日本ではだいたい二〇〇〇ミリ。

砂漠の八ミリっていうのは、計算できないの。何で計算するかというと、空気中にある湿度で計算する。それぐらい雨が降らない。でもそこで人間が生きているんだよ。砂漠の真ん中にはオアシスがあってね。

テンシャン山脈やヒマラヤ山脈などの七〇〇〇メートル級の山が、この砂漠のすぐ向こう側にある。空の上にエベレストみたいな山の雪が見えるんだ。

夏に、そこからものすごい雪が溶けてきて、砂漠にその水が流れてくるんだ。それは日本の大井川、天竜川、阿武隈《あぶくま》川など問題にならないくらい大きい。地球上の、地図にない川なんだから。水がものすごい勢いで砂漠に流れてきて、サーッと砂漠に吸い込まれてなくなる。それは、ものすごい迫力なんだ。

その水がどこへ行くかというと、砂漠のあちこちでポッポッと出てくる。それがオアシス。そこには緑があって、大きな街があって、ウルムチとかカシガルとかは人口が五〇万も六〇万も住んでるオアシスだね。だいたいそこにはラクダがいる。

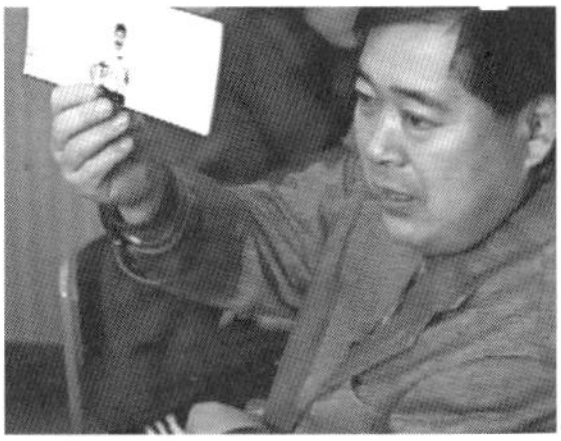
かっこいいだろ

村長さんと

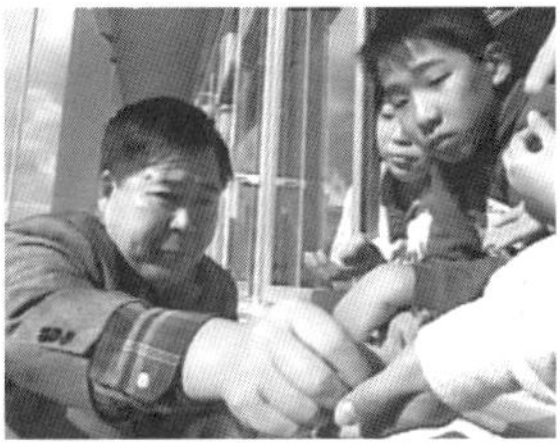
くさやに群がる

やった！　大きい豚肉

地下に水路を見つけて、水を確保する他に、水分は果物からも摂《と》る。砂漠はウリがよくとれる。それからスイカ、ザクロ。ザクロはパカッと割ると中から水分の多い種が出てきて、それを食うと酸っぱくて、のどの渇きをいやしてくれる。

旅の思い出は、出会いもあるけど別れもある。中国の広西チョワン族自治区の偉い村長さんの家にしばらくいたことがある。別れるときに、この村長さんが「先生、別れるのがつらい」と言って涙で別れたの。こういうのも外国へ行くと一つの思い出になるんだな。

未来の発酵学者よ出《い》でよ

小泉　日本には発酵学者はあまりいないんだぞ。先生みたいに世界の発酵食品を追っかけて研究したり、微生物を研究する人があんまりいない。しかも人のためになる仕事だから、そういうことをやるとおまえたちはこれからすごい未来が開けるぞ。

先生には、女の子が一人いる。その娘は小学校六年生ぐらいのときから「人のためになるんだ」「人の命を助ける」と言って、今、東京女子医大の六年生です。心臓の研究をしています。

だから小学校六年生ぐらいで、「ようし、将来こうするぞ」という意欲を持った方がいいな。さっききいたら「将来、何になるかまだわからない」という人がいたけど、どんどん希望を持ってやることだな。

中学生くらいになったら「おれは先生の弟子になりたい」ぐらい言ってほしい。ぼくにはたくさん弟子がいるんだよ。その他に「超能力微生物」という全くすごい微生物を分離している世界的に有名な先生もいる。で、そういう先生といっしょにいると非常におもしろい世界が開けてくる。

静岡県から来た学生は、高校生のころからわたしの研究室に夏休みごとに遊びに来て、わたしの弟子になりたいと言っている。今はボリビアという国に探検に行っている。探検でも冒険とか、急流を筏《いかだ》で下るとか、そんなんじゃない。ちゃんと目的を持ったものじゃなきゃだめだ。

パプア・ニューギニアという国があって、そこには先住民の人たちがいる。彼らの生活を見て、そこから研究の材料をとる。そういう世界は大変おもしろい。

先生、腹減ったから食うからな。でも、さっきの豚汁には大きい肉が入っていたけど、あれには感動したな。（子ども苦笑）あれは給食の係の人が意識して入れてくれたのかな？

女子　（うなずく）

小泉　偉い！　君はすごく偉い。君には先生が帰るまでに何かいいものをあげよう。これあげようか、いいか？（食べかけのコッペパンを差し出す）

「食あれば楽あり」

小泉　日本経済新聞に先生は六年間連載し続けているの。それでその新聞社から『中国怪食紀行』

ブタの血でつくった豆腐

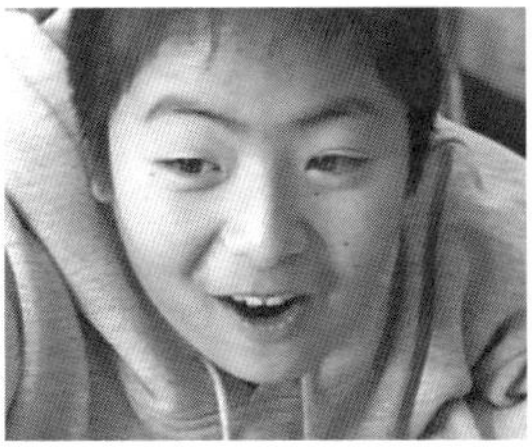

という本も出したんだ。これはすごいよ。

まずいちばん最初にウジ虫のラーメンが出てくる。それからさなぎラーメン。「ぐわーっ」て言わないで。これはブタの血で作った豆腐。

子どもたち　うおー。おー。

小泉　ほら、真っ赤だろ。それから、中国ではブタの頭の皮をむいて売っている。もっとすごいのが次のページにあるんだけど、これはショッキングだから見せない。

次はヘビだ。ここにいるヘビは猛毒を持っている。「百歩蛇《ひゃっぽだ》」といって咬《か》まれて一〇〇歩歩いたら死んじゃう。中国の人たちはヘビが好きだ。冬はヘビが冬眠しちゃうから、冬になる前にヘビを捕まえて皮をはいでクルクルとまいて冷凍庫に入れて保存する。

それからスーパーマーケット、向こうでは「自由市場」というんだけど、ヘビが乾燥して売られている。

授業③

発酵食品を自分たちの手でつくる

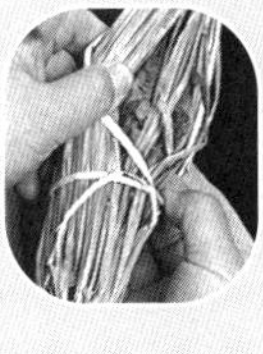

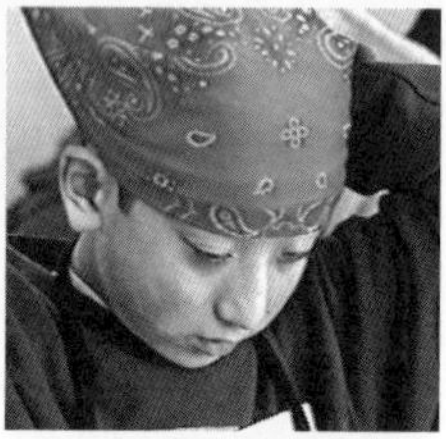

　小泉先生を迎えての午前中の初めての授業で、「世界一臭い食べ物」を体験した子どもたち。それだけで、臭い食べ物に対する子どもたちの見方がすっかり変わってしまった。

　お昼には、ベランダでくさやを焼いて食べる小泉先生のところにやってきて、先生の昼食をねだっていた。

　午前中の後半は、「発酵学入門」の内容になり少し難しいところもあった。しかし午後は、その難しい発酵を、実際に自分たちの手でつくってみるという実習授業である。

納豆・甘酒・ヨーグルトをつくる

午後の授業は実習だ。発酵を知るには、やっぱりやってみるのがいちばん。実際に発酵食品をつくってみることになった。

昔の人になった気持ちでつくる

小泉　自分の手でつくる「手づくりの食べ物」。しかもそれが一人だけでつくるのではなくて、目に見えない微生物という小さな生き物がいっしょになって君たちとつくるんだ。初体験だろうと思うけれど、おおいにがんばってやっていこう。

最初は、納豆をつくる。納豆嫌いな人もいるかもしれないけど、自分でつくった納豆は、絶対うまいから。一回食べてうまいのがわかったら、好きになれる。そうだろ？　さっき「くさや」を食べるのに、「あー、くさや、イヤだー」って言いながらも、食べたら「こんなおいしいもの、もっとちょうだい」って、くさやが全部なくなっちゃった。ぼくは、今夜、酒の肴にしようと思ってたのに……、ああ、くさや。

次につくるのは甘酒。甘酒というから「あー、酒飲んで酔《よ》っぱらうのかな」なんて、だめ。お酒じゃないんだ。「あまさけ」と書いて、甘い飲み物と考えていい。アルコールはいっさい入ってないんだよ。

お酒の粕《かす》にお湯を入れて、それに砂糖を入れたのが甘酒だなんて思ったら、それは間違い。それは「粕《かす》湯酒」といって、甘酒ではない。

これから本当の甘酒をつくる。甘酒には、すばらしい効用がある。江戸の人たちには、ビタミンドリンクなんてなかった。夏にね、甘酒をつくって飲む。甘酒にはすごくいっぱいブドウ糖がある。午前中言ったように、お米のタンパク質が分解されてアミノ酸になる。

他には、甘酒にはビタミンもいっぱいある。麹菌というカビがビタミンをいっぱいつくってくれる。江戸時代というのは夏が暑くて、病気の人がいっぱいいいたんだ。一杯の甘酒はみんなの命を救ったんだ。

今、入院すると、点滴《てんてき》というのをやる。あれはブドウ糖の溶液だ。アミノ酸とビタミンも入っている。つまり、江戸の人たちは、弱った体を甘酒で点滴していたようなもんなんだ。この甘酒を飲むと、元気いっぱいになるぞ。

その次には、ヨーグルトをつくる。どれも、昔の人になった気持ちでつくる。

納豆をつくる

この稲藁《いなわら》には納豆菌がいっぱいいる。納豆菌は小さくて見えない。だけど、この中にはうじゃうじゃいる。

大豆を入れて、保温する。納豆菌は、すごく高い温度が好きなの。どれぐらいの温度が好きかというと、四五度くらいがいちばん好きなんだ。今は冬だから四五度の温度を保つのは難しい。そんなときでも、昔の人たちはとても頭がよかった。どうしたかというと、こたつに入れたんだ。それでわたしも昔にならって、こたつに入れることにする。納豆を入れてから、足を入れてはだめだ。さっき見せたね。足にはすごくいっぱい細菌がいる。悪い細菌じゃないけど。

藁の中にいっぱい納豆菌がいるんだけど、実は、やっぱり納豆を保護しなければいけないわけだ。だから豆を入れる「つと」という

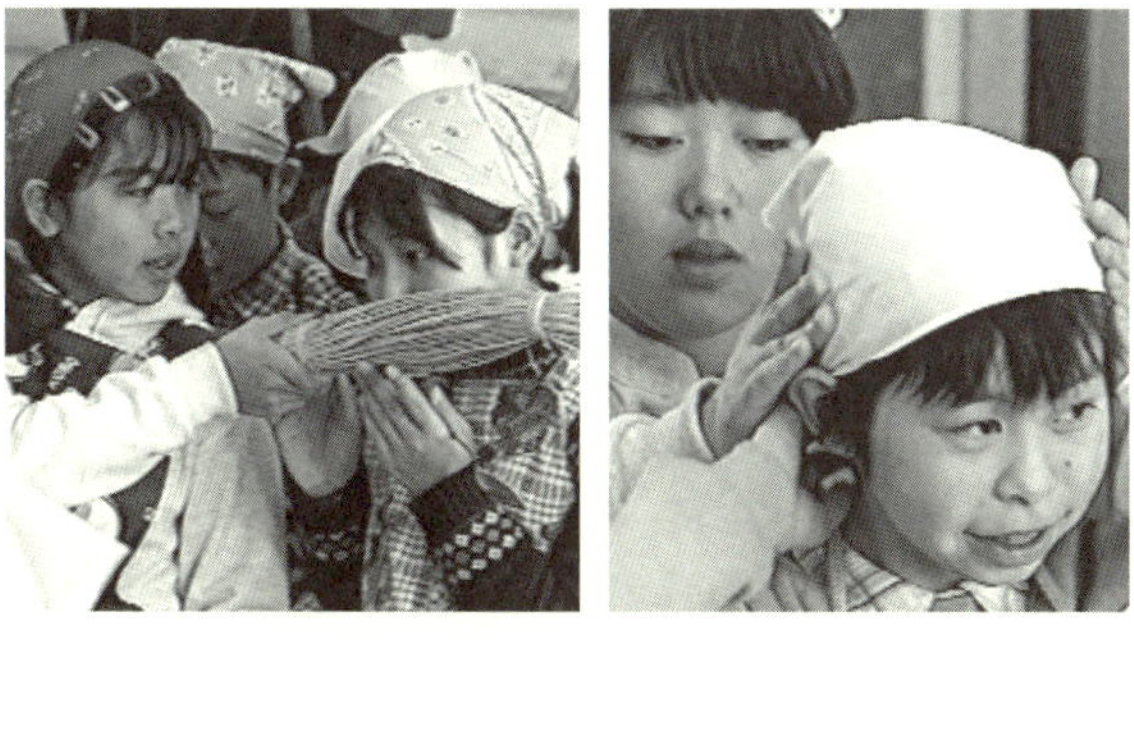

配られた稲藁の匂いを嗅ぐ

のを、まずつくる。ここに見本があるので、こういうふうに縛《しば》る。稲藁の両方を縛って、真ん中を開けて、煮た大豆を入れ、蓋《ふた》をするように縛る。

豆は、煮てから冷ます。豆はそんな簡単に煮えない。煮上がったら、「水切り」をする。湯気がいっぱい出ていて、まだ熱い。

納豆の中に温度計を入れて、だいたい五〇度まで下がったら、急いでこのつとの中に納豆を詰めていく。あんまりいっぱい入れたら、だめ。スプーンで三つ半か四つくらいだと思う。納豆を入れたら、ぎゅっと抑えて藁で縛る。

それで、これをこたつの中に入れる。今これから四五度にするわけだから温度計で温度を測りながら、保温し続ける。

大豆の温度を測る

納豆を詰める

いれすぎ

手づくり
納豆のつくり方

道具と材料

●稲藁、もしくは稲藁がない場合は、市販の納豆をスターターとして使用
●稲藁がない場合、タッパーや市販の納豆容器を洗って使うとよい
●大豆　100ｇ
●保温装置（こたつ、または発泡スチロール製容器にあんかや湯たんぽを入れる）
●調理器具　鍋、ざる、温度計、大さじ

手順

1 水に漬ける
水洗いした大豆を３倍強の水に半日（12時間）漬ける。

2 大豆を煮る
漬けてふやけた大豆の水を切り、鍋に移し、大豆が水面から出ないくらいの水を入れる。

３時間程度とろ火で煮て、粒が指でつぶれるぐらいやわらかくなったら、火を止める。

3 仕込む
稲藁がある場合は、あらかじめつとをつくっておく。そこに大さじ３～４杯の大豆を詰め、藁で包む。

稲藁がない場合は、煮た大豆を容器に適量入れ、市販の納豆を３～４粒入れる。大豆は50℃が目安。冷めるとうまく発酵しない。容器のふたは密封しない。

4 発酵させる
40～45℃の温度にこたつなど保温装置で保ち、約１日発酵させる。粘りが出たら室温で熟成させる。しかし、夏場や温かい場所に放置すると発酵が進みすぎ、風味が落ちるので冷蔵庫で保存する。

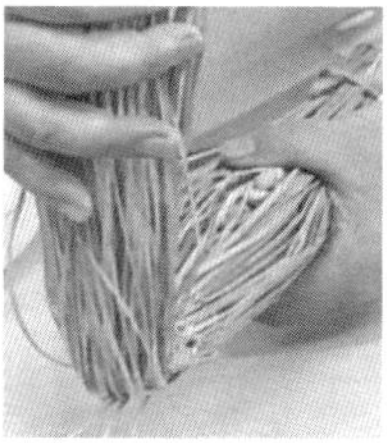
藁を束ねる

愛情を込めて

完成

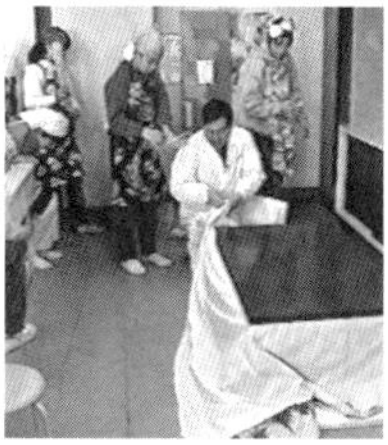
こたつに入れる

こたつの中

甘酒をつくる

小泉　甘酒ができる原理をまず説明する。何を使うかというと、米。生のものではなくて炊いた米。それから麹。麹って知ってる？　これだ。米に麹カビが生えたのが麹。きれいでしょ。白いのは麹カビの菌糸。この麹の一粒一粒に「でんぷん分解酵素」というのがいっぱい入っている。

米の主体はでんぷんだ。君たちの唾液《だえき》の中にもでんぷんを分解する酵素があるんだよ。大変苦しいが、くちゃくちゃくちゃくちゃと四分間ぐらいごはんを噛《か》んでいると、もう、口の中がお砂糖の甘さと同じくらいになっちゃう。それは口の中ででんぷんが分解されるとブドウ糖になる。これが甘いんだ。なぜ甘酒が甘いかというと、炊いた米のでんぷんが麹によって分解される。でんぷんはブドウ糖が三〇〇も四〇〇も繋がったものだ。だから君たち一人ひとりがブドウ糖だとすると、みんなで手を繋いでいるときはでんぷんだが、手を離しちゃうとブドウ糖になるというわけ。でんぷんは甘くない。

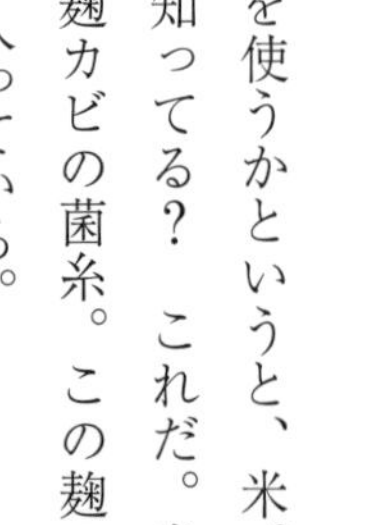

でんぷんを分解して甘みをつくる麹カビの大好きな温度は、五五度から六〇度。

ここには五五度から六〇度の部屋はないだろう。こたつの中だってせいぜい四〇度ぐらいだ。だから何がいいだろうと考えた。いいものがあったね。ごはんを炊く炊飯器。

じゃこれからつくろう。

まず、鍋で七、八〇度くらいまでお湯を沸かす。

いいか、今君たちには温度計があるからいいけど、江戸時代の人たちが甘酒をつくるときに、この温度が六〇度だな、とどうしてわかったと思う？　温度計がなかったのにだよ。

子どもたち　さわった。

小泉　そうだね、このお湯の中に手を入れて。それでひらがなの「の」という字を書き終えない前に熱いと思ったら、これは六〇度近いな。

今、何度だ？　六〇度近いだろ。こういうふうにして昔の人たちは手で温度を感じたの。

これを「手抜き温度」という。

麹

炊いた米

「の」の字を書いて測定

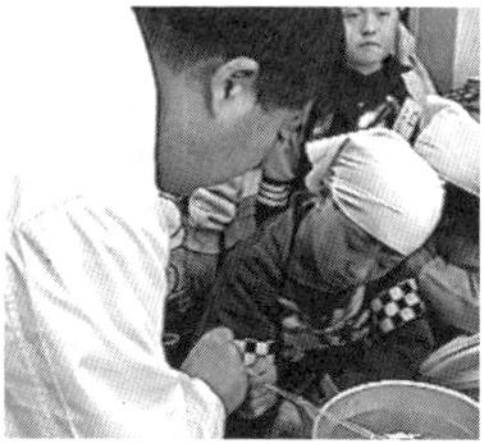
温度確認

七五度になったらガスを止めなさい。

お釜に、このボールで炊いたごはんをなみなみ一杯、それから麹も一杯、今沸かしたお湯を二杯入れて、よーくこの泡立て器でかき混ぜる。それからジャーに入れて保温のボタンを押す。これでいい。

手づくり
甘酒のつくり方

道具と材料
- ●炊いた米
- ●麹
- ●水
- ●保温装置（電子炊飯器。温度設定ができるとなおよい。55℃を保てるもの）
- ●調理器具（鍋、計量カップ又はボール、温度計、泡立て器）

手順

1 下準備
あらかじめ米を炊いておく。

2 お湯を沸かす
鍋に湯を沸かし、75℃になったら火を止める。

3 混ぜる
ボールにごはん（カップ1杯）、麹（カップ1杯）、沸かしたお湯（カップ2杯）を入れ、泡立て器でよくかき混ぜる。

4 発酵させる
炊飯器に入れ、55℃に温度設定し、約1日発酵させる。

このボールで一杯

よく混ぜる

ヨーグルトをつくる

小泉　これからヨーグルトをみんなでつくろう。ヨーグルトの原料は、お鍋に入っている牛乳です。ヨーグルトは牛乳でなくても、例えばモンゴルの草原へ行くと、馬の乳でつくったり、山羊の乳でつくったりする。それからアフリカへ行くと、水牛の乳でつくったり、ラクダの乳でつくるところもある。今回は世界でいちばんポピュラーな牛乳を使う。つくり方は非常に簡単だ。

まず牛乳を火にかけて、八〇度まで温度を上げる。八〇度になったらガスの温度を調節して弱くして、だいたい五分間ぐらい八〇度から八五度ぐらいに温度を保つ。そして、五分経ったら火を消す。

それから今度はぐーんと温度が下がるのを待って、四五度まで下がったら、乳酸菌を加える。それをスターターという。乳酸菌に限らず発酵するものをスターターとよんでいる。スターターを入れたら、ジャバジャバと撹拌《かくはん》して、それからそれをこたつの中に入れる。そうすると、明日、鍋全部がヨーグルト。明日はいっぱいヨーグルトが食えるぞ。やってみよう。

なぜ加熱するのか

小泉　さっき向こうでね、いい質問があった。どうしてこれを八〇度まで上げて五分間置いておくんですか？　と。

空気中にはいっぱい微生物がいるから、鍋にいろんな菌が入って来ちゃうわけ。そのままこたつの中に入れたら、そういう悪い菌が増殖して、ヨーグルトにならない。そのために加熱して、他の菌がみんな死んだところに乳酸菌のかたまりを入れると、乳酸菌だけのヨーグルトになる。

八〇度まで温度を上げて五分間保つのは、まず他の菌を殺し、それから乳酸菌がいちばん好む四五度の温度に戻して、乳酸菌を入れる。あとは、その温度に保つというわけ。

もう一つの質問は、ヨーグルトはどうしてこういうふうにブヨブヨに固まるんですか？というもの。ビショビショなのに明日になったらブヨブヨになっちゃう。それはここで乳酸菌が発酵して、乳酸という酸っぱい物質をつくる。そうすると、牛乳のタンパク質っていうのは「カゼイン」という物質なんだけど、それが固まってくる性質があるのね。それで固まって、ブヨブヨになる。

手づくり

ヨーグルトのつくり方

道具と材料

- ●スターターとして市販のヨーグルト
- ●牛乳　1リットル
- ●保温装置（あればヨーグルト用加温気。なければ、こたつか、発泡スチロール製容器にあんかや湯たんぽを入れるとよい）
- ●調理器具（鍋、温度計、大さじ、泡立て器、ヨーグルトを入れるタッパーやボールなど）

手順

1 牛乳を温める
　鍋に牛乳を入れて80℃に熱し、5分間その温度を保つ。5分経ったら火を消し、45℃まで冷ます。

2 スターターを入れる
　45℃の牛乳にスターターを入れる。入れる量は、少なすぎると雑菌が繁殖してしまうこともあるので、1ℓの牛乳に対し20～100gが適当。泡立て器でよく混ぜる。

3 仕込む
　こたつなどの保温装置で40℃を保ち、6時間ぐらい発酵させる。

水で冷やす

スターターを入れる

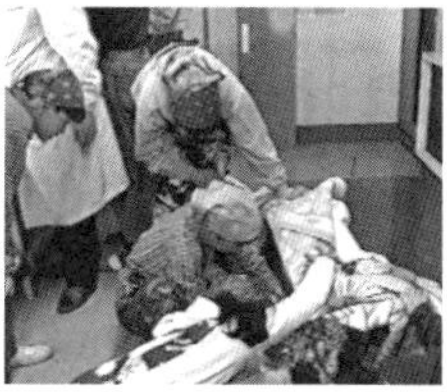
こたつに入れる

一日目の授業を終えた感想

小泉　純真ですね、小学校六年生でも。都会の子に比べてやっぱりこんな自然に囲まれた子どもたちというのは、我々の小さいときと同じ目の輝きしてると思った。子どもたちはとってもいい反応だったね。

質問でも、自然な質問をする。この小学校にこういう後輩がいるってことは、誇りだね。

最初、「地獄の缶詰」を開けたときには、「キャーッ！」って逃げてたけど、最後にはわたしの所にみんな来る。たったこの一日で、子どもたちの夢があんなに膨らむっていうことは、やっぱり生きた教育というのがいかに重要かってことをわたし自身も痛感しました。

だから、今日明日の二日間で、子どもたちが非常に大きなロマンなり、発酵の夢を持ってくれれば、すばらしい。わたしもいい体験をしましたね。

実は、東京のある小学校で、くさやを食べさせたら、ほとんどの子がだめでした。

それが、阿武隈山脈の山の中の子どもたちが、我を争うようにくさやを食べるなんていうのは、これは発見ですね。

新しい文化なり、新しい物に対する、そのチャレンジ精神というか、興味を持っているんじゃないかなあ。だからわたしは、そういう意味ではまだまだ捨てたもんじゃないと思う。彼らは二一世紀を背負って立つ人間なんだから。大した子どもたちだなと思いましたし、今日は、自分自身も大変勉強になりましたよ。だから明日も楽しみです。

これからは、おそらくぼくを超すような、「味覚人飛行物体」が出るんじゃないでしょうか。

研究室インタビュー

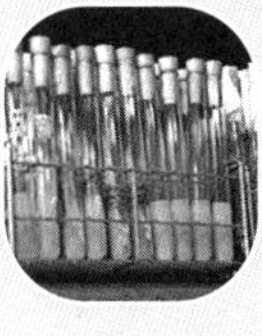

食べて飲めて、それで研究できる幸せ

故郷でやんちゃな少年時代を過ごされて、そのあと東京農大へ進学されようと思われたのは、どういうことからでしょうか?

やはり、小さいときから酒蔵で遊んでいましたので、酒が好きだったというわけではないんですが、発酵現象とか醸造とか、そういうことにずっと接してきたものですから、そういう方向に行くのだろうとは思っていました。

でもそれよりも、小さいときからとても食いしん坊でしたから、「食べて飲める」、それが最大の選択の理由ですね。

勉強しながらですか?

これほどいいことはないでしょう。勉強しながら珍しい発酵食品を食べて、それでもって酒も飲んで。それが勉強なんだから、こんなにいいことはないね。人生一度しかないんだから、得したね。

農大の学生時代は、どんな学生でしたか?

当時は金持ちの学生でもなかったので、いかにしておいしいものをせしめて生きていくかという、そういう楽しみがありました。

夏休みとか春休みに友だちの家を転々と渡り歩きました。わたしの友だちには、造り酒屋の人とか、味噌、醤油などのいわゆる醸造業の人たちの子どもが集まっていましたから、そういうところの田舎に行くのですね。

今日は静岡のキス釣りの揚げてきたばかりのを食べたかと思えば、翌日は名古屋の食べ物をいっぱい食べ、東海道線をずっと下っていきますと、それだけで六、七人の同級生の酒蔵に行けるわけです。酒蔵というのは、当然酒はあるし、食べ物でもとても歓待してくれるのです。渡り鳥みたいに食べ歩く、そういう楽しみがありました。

そのことが今、暇さえあれば、世界各地の秘境を歩いている原点になったのだと思います。しかし、いちばんの原点は、故郷の小野新町の自然の中で小さいときにいろんなものをとって食べたことにあります。

知らぬ間に放浪癖《ほうろうへき》が生まれたのですか?

放浪癖ではないと思います。放浪癖のようなだらしないものではなくて、ちゃんと目的があった。食べた物を全部記録しました。それから、この酒蔵

は酒づくりに向くか向かないかなどというのも見てきました。だから、ただ食べて放浪して歩くという、そんなものではありません。

学生時代に日本中くまなく歩いたという感じですか？

学生時代はそうでしたね。日本中くまなく歩きました。四国も九州も北海道も、それぞれの友人のところに行きました。もちろん本州もほとんど。学生時代で日本中食べ尽くしたというわけにはいきませんけど。

それで、それらの友だちたちには恩返しをするというか、友だちから「酒できたからこれどうだ？」ときかれると「おっ、これいいんじゃないか」とか「ここはこうした方がいいぞ」というようなアドバイスができるのです。

旅のときに得られたものは、どんなものですか？

旅というのはいろんな出会いですよ。発見ですよ。味との出会いでもあるし、味の発見でもあるし、人との出会い、酒との出会いでもあります。そういうことを通して、豊かな知識を得られたり、生きた体験を得られたということが、すごく得をしたように思います。

そのなかで発酵食品というのは特別なものだったのですか？

わたしの学生時代というのはもう今から二五ないし三〇年も前ですから、今とは違った食生活でした。例えば、和歌山へ行くと、サンマの熟鮓《なれずし》が出てきたりします。伝統食品ですね。どこへ行っても手づくりの漬《つ》け物が出てきます。それから酒粕とか粕漬けとか、本当に発酵食品が中心ですね。わたし自身、発酵食品が好きですからね。体が求めたというか、食べてみたいということです。それぞれの土地へ行って、発酵食品なり伝統食品を自分で見つけるということは、非常に楽しいことです。そういうことを通して心豊かになりました。それは今の子どもたちにはできないでしょうね。

今では、偏差値だとか塾とかそんなことでいっぱいですが、ぼくらのときはだれもかまってくれず、自分の好きなことができました。人に迷惑をかけないで他人に喜んでもらって、それでしかも自分はお腹いっぱい。いい気分で酔って、人生はいいもんですね。

人からはときどき言われます。「先生の職業ほど羨《うらや》ましいものはない。先生の研究室はお酒や発酵食品を研究するわけですから、酒と肴《さかな》両方を研究室でつくって楽しんでいるのだから、幸せだなあ。それが三〇年も」。これは全く反論ないですね。

最近も、わたしは大学四年生の卒業論文の学生に肉の熟鮓をつくらせました。おいしいですよ。牛肉のもも肉、臑肉《すねにく》、固いところを乳酸発酵させて、やわらかくします。だから、やや酸っぱい牛肉の熟鮓ですね。

また、違う学生は、「焼酎をつくるのにいちばんいい酵母はどれか」という研究で、焼酎を試作しました。それで、焼酎のできる日と熟鮓のできる日を同じ日に設定しまして、それで熟鮓を食いながら焼酎を飲みました。だって仕事だもーん。これ天職というんですかね、わたしにとっては。すばらしい仕事ですよ。

微生物の超能力の魅力

発酵学の研究というのは微生物の働きを調べることですが、その微生物研究にとりつかれていったきっかけは何ですか?

わたしが入学した大学の学科名は、醸造学です。醸造学というのは、味噌《みそ》、醤油《しょうゆ》、酒など、そういう伝統的な発酵食品を中心にした微生物の応用ですから、選んだ仕事そのもの、学問そのものが当然微生物の研究になります。大学の一年から今にいたるまで、ずっと微生物を見てきていることになります。

それだけ微生物の研究を続けられてきて、そのなかで常々感じられていることはどんなことですか？

目にも見えない極めて小さな生き物に、どうしてこんなにすごいパワーがあるのだろう、という思いがまずいちばん最初ですね。

例えば、目に見えない微生物が米を発酵させ、またビール麦を発酵させ、ぶどうを発酵させて、お酒になるでしょう。人間はお酒を飲むとフラフラしたり、気が大きくなったり、楽しくなったりしますが、そういう力を目に見えない微生物が与えてくれるわけです。それだけじゃありません。抗生物質などの出現は、人間の大変な病気を治してくれます。それはすごい。微生物の力というのは、たとえて言えば、「小さな巨人たち」ですよ。

微生物の魅力というのは、そこに秘められたパワーなのですね？

もちろんそれにつきますね、微生物の魅力というのは。それと、限りない可能性ですね。可能性がいろいろある。この地球上にはまだまだ我々人類・人間が利用していない微生物がいっぱいあります。とんでもない性格を持ったすばらしいものが見つかっていない可能性があるわけです。

バイオテクノロジーよりオーソドックスの方が早い

今、バイオテクノロジーで遺伝子工学とかいろいろな難しいことをやっていますが、わたくしはむしろ、オーソドックスに自然の中から無限の性質を持った微生物を取り出してきて、人類の生活に有効な働きをしているものを見出した方がはるかに早いと思っているのです。現実に、遺伝子工学とかニューバイオテクノロジーだとかの世界で、どれぐらいすごくなってきたかと見渡しても、現在はほとんどないに等しい。それはこれからの課題なのですよ。

そのニューバイオテクノロジーが叫ばれて一〇年になります。ところが我々の方は、そんな遺伝子工学的なことではなくて、本当に設備も金もない研究です。例えば色を消してしまう微生物だとか、すごく汚れた川の水や排水をきれいにしてくれる微生物とか、自然界にはもう、いっぱいいるわけです。

今、いちばんわたしが注目してこれからやろうと思っているのは、海の微生物ですね。これからはマリンバイオテクノロジーあたりが非常におもしろい分野だと思います。海の中の微生物というのはまだほとんどやられていません。海は発酵微生物の宝庫じゃないかな、とわたしは思っています。

バイオテクノロジーというのは、学問分野では注目の最先端ですよね。先生の研究というのはどちらかというと、地道な方なのですか？

全くそのとおり。我々人類というのは、まだ一五〇万年とか言っていますが、微生物というのは今から三〇億年前にすでにいるわけです。三〇億年間ずっと自然の中で生きてきて、いろんな進化を経たものや、あるいはそのままのかたちで生きているものもいます。ふつう、そういうものを我々が人間の都合だけを考えて自由に変えて、つまり、微生物を家畜化しようという考えを持ちますが、わたしはそうではなくて、彼らと共存しようという考えから彼らの自然の力を利用させてもらいたいと考えるのです。

ですから、わたしはニューバイオテクノロジーで遺伝子工学とかはやらず、むしろ微生物のオーソドックスな分離を考えています。限りない微生物の可能性を探した方が早いと思っています。それが自然の摂理というものではないですかね。

例えば新しいテクニックで異なった微生物同士をつくり替え、新しい微生物をつくって、人間にとって有効だと考えても、果たして他の生物に対しては害を与えるかもしれないということは考えられます。そういう意味では、取り返しのつかないような微生物学はやってはいけないですよ。

土、一グラムの中に、微生物は日本の人口の二〇倍もいるわけです。その中にはとんでもない性質を持ったものがいます。すばらしい性質のものがいます。そういうものを分離した方が早いのです。人間がいたずらにいろんな新しい微生物をつくり出すということが果たしてどうなのかなという感じを、わたしは持ちます。

最先端工学には、お金も設備も必要になります。ぼくらは何にもいりません。学生に「山に行ってうんこ取ってこい」と言うと、全国にバッと散らばる。そして全国から集まる。一人三〇袋ぐらい取ってくると、一〇人の学生がいれば、三〇〇ぐらいのうんこが集まる。

これは別に金もかからずにものすごいですね。あと必要なのは寒天。シャーレに寒天を溶かして、ブドウ糖などの栄養源を入れて固める。そこで分離して、その中からおもしろい性質のものを釣り上げれば、これはもうあっという間に結果が出ます。そういうことの方がぼくはいいですね。

でも、世間的にはお金をかけて新しい微生物をつくってしまうという方が、注目を浴びているような感じがします。

そうでしょうね。脚光を浴びて格好がいいんでしょうね。だけど、どうなんでしょうか。果たしてそれでうまくいくのだろうかという問題。次に、やはり安全性の問題をよほど厳しく見ておかなければならないということも、あるでしょうね。三つ目には、それは人間を中心にした考え方でやるんであって、微生物にしてみれば大変な迷惑になってきます。

人類はそこまで応用しようとしています。わたしはその方向の全てを否定しようというのではなくて、すばらしい方法の発見によっては人類を救うこともあり得ると思います。実際にはそんなものができていないから、今、言うのですが、例えば、大腸菌というのがあります。あれは一八分に一つぐらいずつ分裂していきます。ものすごい勢いで増殖するわけです。

糖尿病の患者の人が治療薬としてインシュリンという薬を使うでしょ。あれは天然から調達しなければならないんです。ウシとかブタとか。けれども、哺乳《ほにゅう》動物の、例えばネズミも、インシュリンを生産します。それで、ネズミのインシュリンをつくる遺伝子を大腸菌に組み込んで、つまり大腸菌にインシュリンをつくる性格を持たせたら、これはものすごい安い値段でインシュリンができます。いわば発酵生産ですね。今のインシュリンはかなり高価ですから、そんなことが実現すれば、糖尿病の治療には大変有益になるわけです。わたしはそういうものはとてもいいと思いますよ。けれど、その可能性はきわめて少ないいんじゃないかな。

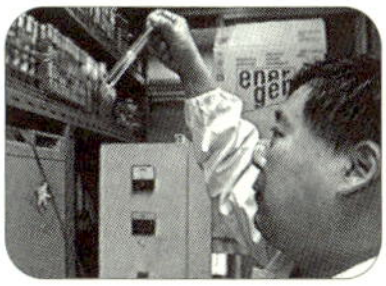

伝統食品はすばらしい

それは遺伝子組み換えで新しいものをつくるということですね？

新しいバイオテクノロジーですね。否定はしませんが、わたしにはオーソドックスな研究方法の方が向いています。我々としては微生物の超能力を取り扱いたいということです。

その考えは、伝統食品の大切さを守っていこうということと繋がりを感じます。

そうですね、通じると思います。発酵食品というのは、全部伝統食品なのですね。これは日本に限らず外国でもそうです。中国でも、東南アジアでもどこでも発酵食品というのは、ずっと昔からあったものです。

それが特に日本では、しだいに消えていってしまったと思います。例えば昔日本では、全国のあちこちに、お茶を微生物で発酵させる「発酵茶」というのがあったのです。今は四国の一部にしかなくなってしまいました。小さな町に一か所だけ残っているのです。

お茶を乳酸菌と麹菌で発酵させます。「碁石茶《ごいしちゃ》」というのかな。そういうことはもう復活しないだろうと思いますが。

それから、昔は、「赤酒《あかざけ》」というのがありました。ものを燃やしたときに出る灰を使った料理酒です。その酒の色は赤っぽくなるんです。それをお料理に使うと非常にいい味付けになります。肥後《ひご》の「赤酒」、島根県の「地伝酒《じでんしゅ》」というのがそれなのですが、それもほとんど消えかかってしまいました。お酒だけでなく日本の伝統食品というのは、本当に消えかかっています。

お金をかけて外国からいろんな食べ物を持ってくるのもいいけど、昔から日本の気候風土に合った食べ物がいっぱいあるわけですから、そういうものを有効に利用していく方がぼくは好きですね。

教育のなかに「食」を

食べ物というのは、とても大事だと？

ええ、食べ物はただ口に入って消化されて出てくるだけのものではありません。子どもたちに食べ物を通して何を伝えるかというと、授業でもやりましたが、自分たちで発酵食品をつくれるんだ、という喜びがあります。ヨー

グルトを食べた子どもたちは、これからはもう自分たちでつくって食べることができる。

それから、ダイナミックな食べ方とか、昔の人の気分になって食べるとか、そういうような食べ方から知恵を学ぶことができます。そのようなことも必要になってきます。

それから、「考えて食べろ」ということですね。おそらく今の子どもたちは、考えて食べていないと思います。ぼくは、いつも考えて食べていますよ。

例えば、味噌汁。「この出汁《だし》は鰹節《かつおぶし》だなあ」「これはいい鰹節だなあ、うまいなあ」「味噌はちょっと酸味があるな」とかね。必ず何か考えながら食べる。「これをつくった人はどういう考えでつくったのかな」というようなことを考えて食べるといいのです。

お腹がすいたからガバガバ食べて、うんちを出しちゃう。人間はうんこ製造機ではないよね。食べることによって、子どもたちはその食べ物から知恵を生み出さなくてはならない。そういうことを子どもたちがよくわかってくれたらいいなと思います。

最近の大人たちも、どうもその辺がよくわかっていない。教育の中に「食」というものをあまり考えていない。わたしはこれが非常に大きな社会的な問題でもあると思います。

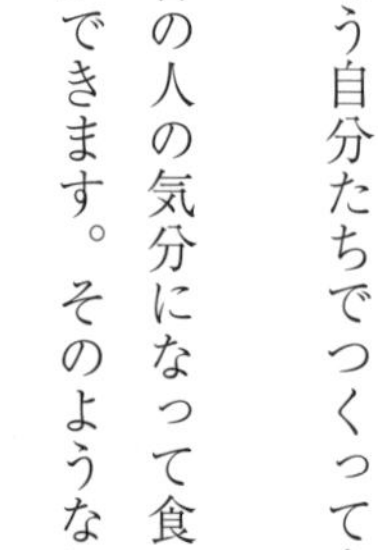

日本に留学してきたドイツ人の学生から、こういうすばらしい話を聞いたことがあります。三〇歳ぐらいの女性でしたが、「あなたは国に帰ったら、結婚するのですか」ときいたら、「いや、わたしはまだ結婚していないんだけど、好きな人もいるけど、結婚はできない。なぜかというと、わたしの家には八〇種類ぐらいの手づくりの料理法があるのです。家庭料理の味が。それをお母さんからまだ三〇ぐらいしか教えてもらっていません。あと五〇はこれから大急ぎで学ぶ」と言うのです。お母さんもおばあさんから引き継いでいるから、自分の代で途切れさせたくない。これはドイツの人たちのすばらしさだと思いました。

もう一つドイツの話をします。あるときシュツットガルトのチーズ屋へ行きました。中学生くらいの子どもがお父さんのチーズを買いに来ました。その子とちょっとしゃべったら、とてもすばらしい話が聞けました。

「ペニチリュウム・ロックホルティ」という、チーズの発酵する菌をラテン語で言うのですよ。我々が学んでいる学名ですよ。どうして中学生の子が、チーズを学名で言えるのか。一般の子どもですから、チーズの専門家ではないです。それできいてみたら、ドイツでは伝統的な食べ物について、すごく教えるのだそうです。実験でつくらせたり、授業で教えるそうです。

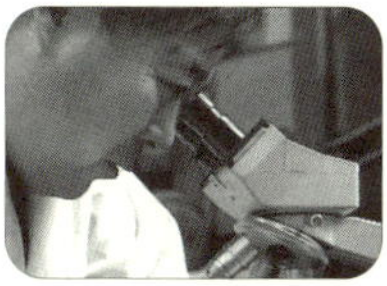

日本にそれを置き換えてみたら、日本の発酵食品の原点は、麹《こうじ》ですよね。例えば日本の中学生に、「君、麹を知っているか」ときいても麹の学名なんか言う子どもはだれもいません。もっと言えば、麹自体もわからない。「麹知ってるか」と言うと「道路工事?」「山本浩二?」ってなもんですね、日本の食に対する教育というのは。

わたしはこれではいけないなと思います。今回の子どもたちに、ああいう食の授業をしながら考えましたね。食べ物の話に子どもたちも生き生きとする。そうして興味を持ちますよね。そこに新しい夢と希望があるように思います。

なぜ酒蔵を見せたか

二日目の授業で酒蔵に行きました（この授業は次章に記録）。あの酒蔵は小泉先生の実家ですが、昔ながらの手づくりの手法ですよね?

そうですね。うちはお金ないですからね。造り酒屋は、大変ですからね。設備を大きくできないのと、もう一つは、人間だってかゆい所に手が届くようなのがいいのであって、あんまり大きくしすぎると手が届かないということもあるわけです。わたしの実家みたいな小さな造り酒屋というのは、それしか生きる道はないものね。昔ながらの発酵卓とか室を使って、手づくりで一生懸命酒をつくっている。新しく設備投資をしたらお金はかかるし、酒質も変わります。それではとても……。

子どもたちに酒蔵を見学させたのは、杜氏《とうじ》さんから生の話を聞かせるということと先生のおっしゃる伝統を伝えるということと、それから発酵ということを教えるということでしたか？

なぜ後輩たちを酒蔵に連れて行ったかというと、大きく言って二つの目的がありました。一つには、子どもたちに微生物と対話をさせたかった。あそこでは子どもたちが「バナナの匂いだ」と、発酵している目の前で言っていました。匂いもあった。発酵している音も聞こえた。これは彼らにしてみれば、初体験ですよ。これがね、微生物との初めての対話だと思うのです。今までになかった体験。まずそれをさせる。目に見えない小さなものがこんなに大きな仕事をしてくれているんだ、ということ。

それともう一つの理由は、やはり、伝統的なつくり方、技術というものが

どんどん消えていく状況で、必ずしも近代的な大きい酒屋がいいものではなくて、伝統的な手づくりでつくったお酒が都会で好まれているということ、そういうことを子どもたちに伝えたかった。伝統を守るということも大切な一面であることを伝えたかった。彼らがどれくらい感じてくれたかは別として、目的としてはそういうことでした。

杜氏さんのお話は、発酵の仕組み、メカニズムを研究していらっしゃる先生のお話とはまた違った意味がありましたね。

そうですね。杜氏さんがいいことを言っていました。「微生物たちは口も耳もない。だから彼らが何を我々に言っているのかということを聞いてあげて、その酵母のお酒が発酵する微生物のいちばん快適な環境をわたしたちがつくってあげるんだ」と。それがいい酒づくりに繋る。わたしは全くそのとおりだと思いますね。現場から出たいちばんの体験談です。

超能力微生物とは

「超能力微生物」というのは、いわゆる定義付けをするとどういうことなんですか？

いや、定義というわけではなくてね、今まではないから、我々が考えて「こういう微生物があったらいいな」ということです。非常に意外な性質を持っていて、しかもそれが将来応用可能である。そのようなものを指して「超能力微生物」とぼくらが言っているだけで、学問の用語ではないんです。超能力微生物というのはわたしたちの研究室でつけた名前です。

そうですか。一般化されている名前だと思っていました。

いやいや、そんなことはありません。具体例をあげてみましょうか。薔薇《ばら》の花の匂いをつくる微生物、くちなしの香、梅の花、バナナ、リンゴ、メロンなどの匂いをつくる微生物がいます。これらを称して芳香性微生物といいます。これらは実用化が目指されています。これは超能力の世界なのです。

色を消してしまう微生物があります。これも超能力。ものすごく大量にものを食べてくれる微生物がいます。それを利用すれば、廃棄物の処理ができます。それから動物の血液を食べてくれる微生物。最近、わたしのところでやっているものでは、中国の発酵食品を分離したら、動物性の脂《あぶら》を植物性の油に変えてしまう微生物を見つけました。これらは超能力の微生物でしょう。

また、ペプチンといって排水に多いんですが、なかなか分解しにくい物質

があって、これを喜んで食べてくれる微生物が見つかったんですね。

それから今何を探しているかというと、油を食べる微生物です。タンカーがひっくり返って日本海に重油が流れ出るということがありましたよね。そういうときにヘリコプターから重油を食べてくれる微生物を散布して、重油を分解し、完全に蒸発させてしまうようなものです。滋賀県にあるわたしの研究所でそれについていろいろ研究しています。

あるいは、すごい高熱に耐える微生物や、逆にすごい寒さに耐える微生物、そういうものが超能力微生物だと思います。

子どもたちに伝えたかったこと

旅行されているときにもいつも微生物の働きをお考えなのですね。

もちろん全くそうですよ。わたしは中国に、もう一八回行っていますが、そのときにはほとんど飛び込みで酒蔵の中に入って、いろんな資料をもらったりしています。それから食堂に入って発酵食品の漬け物を食べさせてもらったりしています。ぼくが海外にいるときの行動は、起きてから寝るまで、食べ物のことが頭の中から離れない。だから楽しいんだよ。

そうすると日本に帰ってからもまた楽しみが倍になります。旅行で得た未知の微生物を研究室で分離して、いろんな可能性のあるものを取り出して、人類の幸せのために何かをつくっていく。これはわたしのロマンとなる仕事だと思います。

やはり、新しい微生物を探すのは、食べ物と糞《ふん》なのですか？

いや、そうではなくて、さっき言ったように海の中からも土の中からも探します。中国、東南アジア一帯の酒蔵から見たことのない発酵微生物を探し出します。糞というのも超能力微生物を分離する一つのカテゴリーにしかすぎません。

最後にお尋ねします。以前にした質問とも重なるのですが、今回、子どもたちに授業で伝えたかったことについて今一度お話しください。

伝えたいのは、やはり、発酵微生物の世界の驚異です。パワーと言いますか。それと「それが人間にこれだけ役立っているのだ」ということですね。

二一世紀になって人類が残した課題、それがエネルギー問題であり、環境問題であり、食糧問題であり、人間の健康問題という、大きく分けると四つの課題です。これらに対して、発酵微生物は、それを解決する限りない可能

性を持っているということです。

そのことを子どもたちに伝えて、これは全国の子どもたちが見る番組なので、その中の一人でも多くの子どもたちが、「人類に役立つような微生物を見つけてやろう」、あるいは「ぼくはこれからそういう方向の学問に進むんだ」という目的意識を持った子どもたちが生まれるならば、今回、この番組に登場させていただいた最大の喜びになると思います。

授業の入口では発酵食品から入られましたね。

そうですね。今回はいきなり世界一臭い「地獄の缶詰」を開けました。それで、子どもたちは「キャー、臭い、臭い」と言って逃げ惑いました。しかしこれは、腐っているものではなく、食べられないものでもありません。わたしが食べてみた。そしたら、びっくりしますよね。子どもたちが興味を持ってそういう世界に引きずり込まれる。

腐らせたサバでは、気持ちが悪くなって吐き気がするのに、くさやを焼いて食べさせたら、みんな争うように食べていました。たったの一〇分間で、彼らは劇的に変わりました。

授業 ④

酒蔵見学 見た、聞いた、嗅いだ、味わった

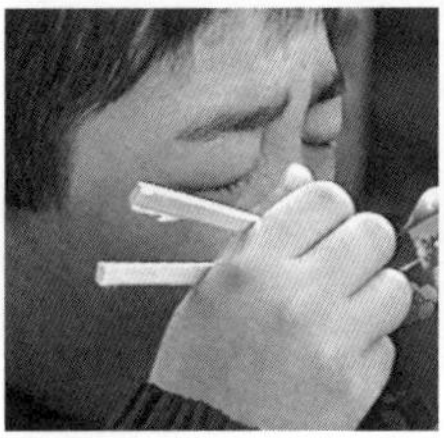

一日目の授業で子どもたちに発酵の不思議さを体験させ、発酵を利用した伝統食品のすばらしさを力説した小泉先生。

二日目の朝、子どもたちを校外に連れ出した。行き先は、小泉先生の実家の酒蔵。

米をデンプンと麹カビで糖に変え、その糖から酵母菌にアルコールをつくらせる二段階の醸造プロセス。発酵を知り尽くした日本人の誇る伝統文化である。

酒蔵で子どもたちは、発酵の現場を、見、聞き、嗅いだ……。そしておまけに味わった？

酒づくりの発酵現場で

お酒のつくり方

小泉　お酒はどのようにしてできるんだろう？

昨日からずっと話してきたようにお酒は「発酵食品」だ。目に見えない「酵母」という微生物が、お酒を発酵しているわけだ。これは、今日これから見る日本酒だけじゃなくて、ビールもワインもウイスキーもブランデーも、お酒の類《たぐい》は、酵母で発酵してつくるのね。

ここにね、先生が、日本酒ができるまでというパネルをつくった。これをちょっと見てみようか？

まず日本酒というのは、原料は何かというと、水と蒸した米と、米麹。

これを見て何か思い当たることはないか？

男子　甘酒。

小泉　そう、甘酒だ。実はお酒というのはまず甘酒をつくるの。

昨日つくった甘酒は、今日の午後には飲めるからね。さて、どのくらい甘いかな？甘酒をつくって、その甘酒に、さっき言った酵母を作用させて、「アルコール発酵」というのを起こすわけだ。それでアルコールが出てくる。

そのアルコールを飲んだ大人たちは、フラフラ酔っぱらったり、顔が赤くなったり、カラオケ歌いたくなったりする。そういうふうにね、非常に楽しく陽気にほがらかな世界をつくってくれるのは、実はこの酵母という発酵のおかげなんだな。だからぼくたちがご飯を食べる。そしてエネルギーを補って生きていくのと同じように、酵母たちもここで甘酒の甘いブドウ糖を食べて、そのブドウ糖を体の中でアルコールに変えている。それを人間が利用しているというわけだな。そうしてここでは、お酒と酒の粕《かす》ができる。

これから君たちはすぐにそっちに行って、まず米を蒸《む》しているところを見よう。米を蒸すというのはどういうことか。お酒は大きな容れ物でつくるんだから、こんな小さな炊飯器で蒸したらお酒はできないね。ものすごく大きな釜があるの。その上に蒸し器があって、そこで蒸して、大量の水蒸気が出ている。今からそこを見る。

そしてその後、今度は、発酵しているところ。発酵してると、プップップップッと泡《あわ》が出てくる。これは酵母のおならみたいなもんだ。屁《へ》みたいなもんだ。それもみんなで見る。

酒蔵までは歩いて

小泉酒造の一部

大きな釜だろ(1)

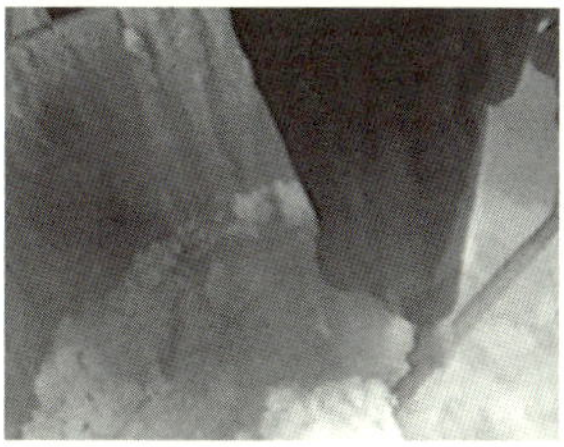

蒸した米(2)

いい匂いのおならだよ、これは。その発酵の現場を見た後で、プツプツプツと生きてる生き物を、それは目に見えない世界だけれど、顕微鏡を使ってみんなで見てみよう。あの酵母が、人間を酔っぱらわせるものをつくる生き物というものが、こんなにも小さいものか、っていうことがわかる。

蒸した米の発酵を見る

小泉　ぼくが、案内するからね。こっち行くよ。狭いから気をつけろよ。ほいよぉー。はい、ここをぴょんと飛び越えてな。おはようございます。

種麹

麹をまく

米を返す

できた麹を室へ運ぶ

鯉のぼりで送風

従業員　おはようございます。

小泉　どうもよろしくお願いします。あ、ちょうどいいときですね。みんなね、ほら、蒸してる。大きなお釜だろ(1)。みんなどんどんこっちに入って。
　この大きな釜を見なさい。どのくらい釜が大きいか。これはもう一〇〇度近いから、触ったらすぐ火傷《やけど》しちゃうよ。ほら。蒸した米が(2)。

男子　うわ、すっげー。

小泉　今この中には米は何キロ入ってますか？

従業員　全部で六〇〇キロ。

樽の上へ一人ずつ上がる

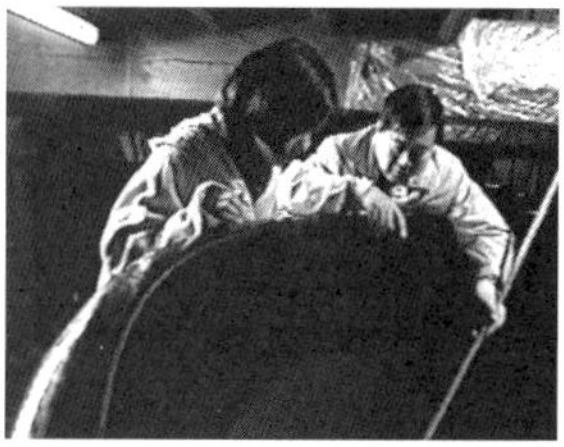

音も聞いて

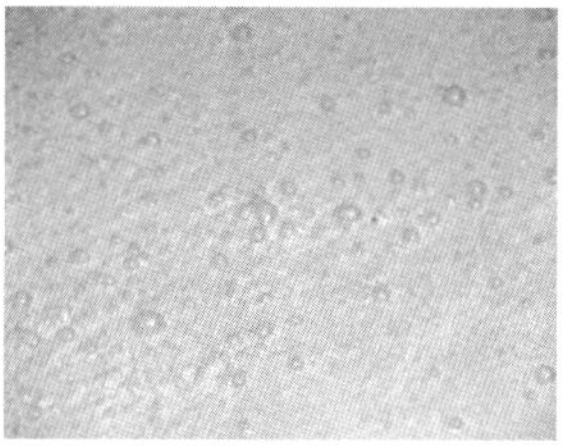

もろみ

小泉　全部で六〇〇キロっていうと、どのくらいかなあ。お前たちの体重、何キロだ？　だいたい君たち十何人分かがこの中に入ってることになる。今はこのようにして、温度を冷ましてるんだな。

　さっき、先生が説明したけれど、お酒は、水と麹と蒸したお米でできる。その蒸したお米がこれだ。いい匂いだな。

男子　湯気で先生が見えねえや。

樽の上から中を見る

小泉　さあ、これからね、樽の上に上ってみんなに一人ずつ覗《のぞ》いてもらうから。そしてこの中がどういう状態になっているかをようく見て。

プップツプップツプッってね、ガスが出てて、すごく香りが良くて、発酵している。ここでは、いかに酵母だけをうまく発酵させて大切にするかという、そういう環境をつくってあげているの。あの、プクプクプクって出てくるのが炭酸ガス。あんなお米が何でこんな匂いに変わっちゃうのか、不思議だなと思いながら、これを見る。(男子、樽《たる》に上る)

ほれ、どうなっているかな?　いい匂いするだろう、ほらー。プップツしているだろう。

「もろみ」を顕微鏡で見る

小泉　さっき君たちが、梯子《はしご》を登って先生の脇で見た、あの発酵した「もろみ」がこれだ(3)。今、汲《く》んできてもらった。だからこの中には、生き物がいっぱいいるんだけど、そのほとんどは酵母だね。さっき、プップツプッと音を立てて、泡が出てたでしょ?　あれは酵母がアルコール発酵してるときに出す炭酸ガスなんだ。

男子　おなら。

さっき見たもろみ(3)

おならみたいなもんだ

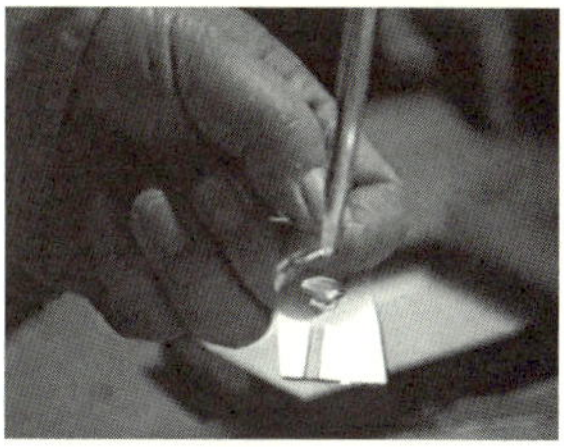
スライドグラス(4)

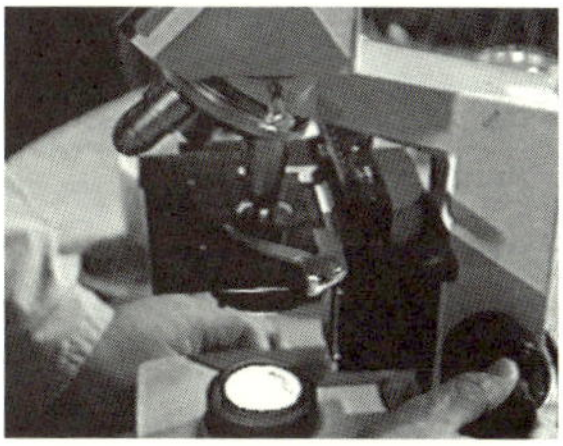
顕微鏡で見る(5)

小泉　うん、おならみたいなもんだな、人間でいうと。ああいうふうにじっと耳を澄ませて聞いていると、あの音がよく聞こえるだろ？　プツプツプツと湧いてる。

実はあれは生き物だよな。でも、そのままでは目に見えないけれど、白くなっているのは何かというと、米と麹が溶けているの。酵母がいっぱいになると白く見えるんだ。あんなにいっぱい酵母がいるんだな。

それで今から、じゃあその酵母って、どんな形してるのかっていうのを見よう。形はね、鶏《にわとり》の卵みたいな形をしている。ちょっとそれよりも丸いかな。どのくらいの大きさかといったら、だいたい五ミクロン。

五ミクロンと言っても君たちにはピンと来ないだろうから……。一ミリを一〇〇〇等分するの。そのうちの五つ。これはもうほんとに目に見えないね。そして、だいたい、この中の一グラム。一グラムというと、小さなスプーン一杯ぐらいに、日本の人口の倍ぐらい、約二億匹の酵母がいる。この小さなスプーンですくっただけで、日本の人口の二倍いるんだよ。そのぐらいすごい数の酵母がいっぱいこの中で活躍しているわけだ。

では、それをこれから顕微鏡で覗いてみよう。顕微鏡で覗くとき、このままでやったら、酵母の数があんまりにも多すぎて、酵母が全部重なり合ってひしめき合って、どれが酵母かよくわからなくなる。それで、これを一度薄めるの。そのことを「希釈《きしゃく》」といっている。

これは知ってるように、スライドグラス(4)。ここに、この生きている酵母を入れて、それでその上から薄いガラス板を載せる。カバーグラスだね。そしてそれを上にぴたっとやってここで見る(5)。

小学校から持ってきたのは、ずいぶんかわいい顕微鏡だね。それからこのお酒屋さんにある顕微鏡。それから、先生が持ってきた大学生が使う顕微鏡。これには見るところが二つあって、両方の目で

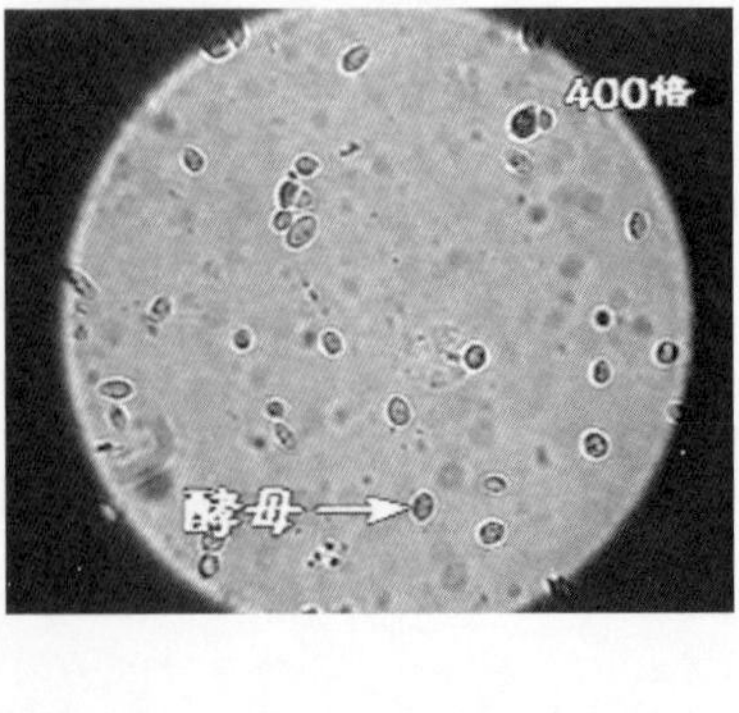

酵母（倍率四〇〇倍）(6)

双眼鏡のように見ることができる。それぞれ三〇〇倍ぐらい、一〇〇〇倍くらい、三〇〇〇倍くらいまで見える。

（小泉先生がそれぞれの顕微鏡の焦点を合わせて）はい、これで見える。ひとまず一〇〇倍。

卵の形した丸い生き物がいるだろ。どうだ？

男子　ほんとだ。いる。

小泉　これがさっき、プップップップップッとおならをしてた、あの酵母だ(6)。しかもアルコールをいっぱいつくってるのね。

男子　すげっ、ほんと、丸。

小泉　こんな小さい生き物でもね、こんなに大きなお仕事をしてるの。今、全国にはお酒屋さんが二〇〇〇軒くらいあります。そのお酒屋さんに、もしこの小さな生き物がいなかったら、お酒づくりのお仕事はできない。

お酒っていうのは、実際には生きてるものなんだねえ。ああいうふうに音をプチプチ立てたり、それから炭酸ガスをどんどん出して

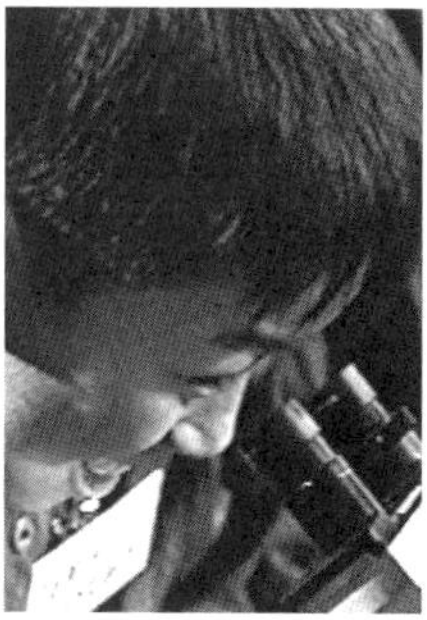

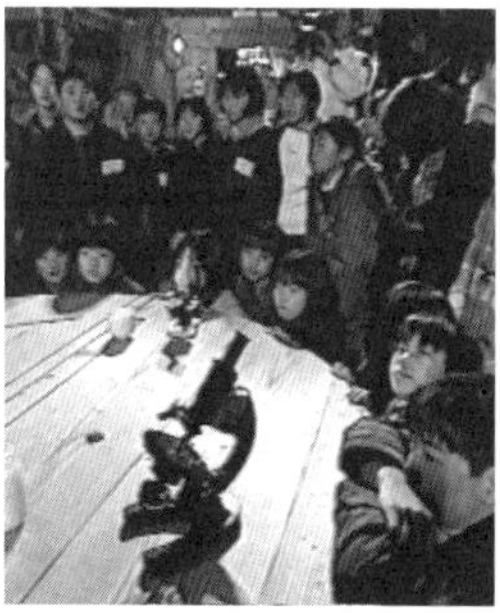

くる。生きてる世界、生き物の世界。それでほんとのミクロの世界だね。

しかも、あの大きな発酵しているもろみの中にはどのくらいの数の酵母がいるかっていったら、想像もつかないほどだ。一グラムで何億もいるんだから。一〇グラムではない、あれは何トンだからね。宇宙の天体の星の数は無限だって言うけれど、顕微鏡で覗く世界も無限なくらいに生き物がいる。それが発酵の世界なんだね。そういうことを今日君たちは学んだんだ。

杜氏《とうじ》さんの話を聞く

小泉　ここのお酒をつくっている職人さんたちの中でいちばん偉い人のことを、「杜氏」さんっていうんだけど、その杜氏さんの八重樫《やえがし》さんです。今日は本当にありがとうございました。君たち、杜氏さんにきいてみたいことがあったら、ぜひこのチャンスに質問してください。

女子　お酒をつくるのに、いちばん大変なことはどんなことですか?

杜氏　今、先生からお話があったように、酒づくりは、酵母を育てる仕事なわけ。寒いときもあれば、暖かいときもあるけれど、酵母には、発酵する適温ってのがあるわけよ。それでその適温に持っていくために、寒いときは囲って暖かくしてやる、また気温が暖かくなれば、酵母が増殖する適温に操作する、それが大変といえば大変。
　酵母には手足もないし、人間の目から見てもわからない。しかし、わたしたちにすれば自分の子どものようなものです。それだから、大事に大事に毎日管理しながら育ててるわけですが、そういう天候の面ではいちばん苦労します。

女子　酵母をよく働かせるためにはどうしたらいいですか？

杜氏　はい、それも同じで、酵母の働きやすい温度を保って、そういう環境をつくってやることがいちばん大事だと思っています。

男子　あの、さっき見てきたんですけど、あそこにあった鯉《こい》のぼり（一一四ページ）はどういう意味があるんですか？

小泉　あっ、あの鯉のぼりか。あれはね、非常におもしろいね。あれはダクトといってね。蒸した米が熱かったろ？　それを仕込むのに熱いままではできないから冷やす。そのときに、空気を吸い込んで、その冷たい空気を米に通してから吐《は》き出させるわけだよね。
　そのためのものだけれど、ところがやっぱりなんていうのかな、いきなりばーっと空気を出すよりも、鯉のぼりをせっかくつくった

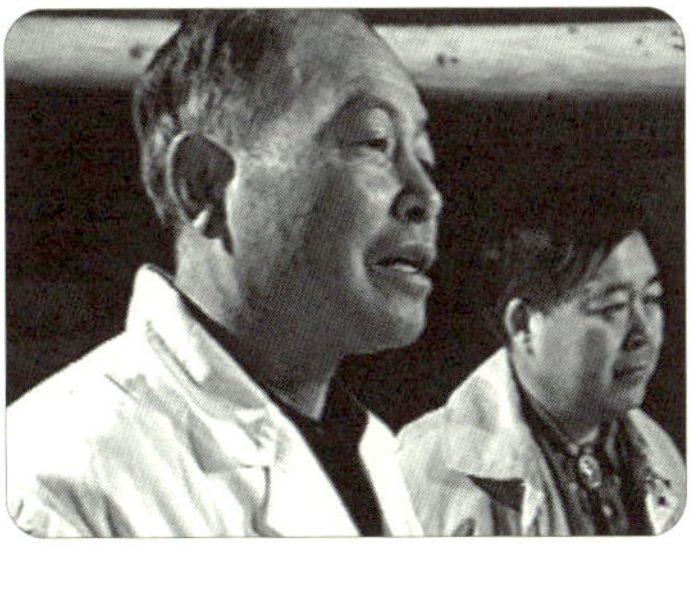

杜氏の八重樫さん

人がいて、鯉のぼりの体の中に空気をバーッと通したら楽しい酒屋の雰囲気になるし、そういうことでも、いい酒づくりができるからだろうと思うな。あの鯉のぼり、りっぱだもんね。酒づくりというのは、大きいお酒屋さんでは全部機械化されている。機械でつくっている。ところが、ここのお酒屋さん見て、どう思った？　全部手づくり、手でつくってるわけだね。

　こういうふうにして愛情込めて酒づくりしないと、いい酒づくりはできない。機械に任せちゃったりなんかしたらだめ。微生物というのは、酵母ってのは、人間の言葉わかんないんだから。酵母がいろんなことで、寒いよ熱いよ、腹減ったよ、窮屈《きゅうくつ》だよって言うのを、全部杜氏さんが酵母のところにいて、音を聞いたり、発酵しているもろみの中に手を入れたりして、いろいろと状態を見て、酵母の心を考えているの。お酒づくりの何か月の期間は、ずっと心を緩《ゆる》めないで酒づくりをしてるんだよ。だから大変なお仕事なんだ。手づくりということは非常に大切なこと。

　日本人は米を食べている。米を食べている人たちが、その主食の米で酒をつくるという、こういう日本伝統のお酒屋さんなんだ。今、ワインやビールなど外国のお酒がどんどん出てきて、日本のお酒が昔から比べると飲まれなくなってきた。ところが、いい酒をつくれば飲んでもらえるんだね。そういう努力を、今、八重樫杜氏《とうじ》さんがやってるわけだ。

女子　やっぱり機械より、手づくりの方がお酒はおいしいと思うんですけど、おいしい酒をつくる秘密みたいなのを。

小泉　お、これは、なかなか大変だねえ。じゃ、杜氏さんにききましょう。

杜氏　はい。おいしい酒をつくるために毎日がんばっているわけですけども、毎日同じような米で同じ方法でやってるのですが、出てくるものがみな、それぞれ違ってしまうということもありますし、これはなかなか難しいんです。

小泉　つまりね、やっぱりいい酒をつくるということは、酵母に愛情込めてつくるということと、今一つ、やっぱり何といっても、いい米を使うっていうことかな。その米も精米機でよく磨《みが》いて。それからもう一つは、水が非常に大切。お水がね。だから酒屋さんのお水はとってもいい水なんだよ。

それからあと麹《こうじ》づくりっていうのがあって、それも非常に大切なの。

そういうことでね、酒づくりをいかによくするかっていうのは、一つはいい原料を使うっていうこと。今一つは酵母の言うことをよく杜氏さんは知ってるということ。それと今一つは、お酒をつくる人たちのチームワークだな。

君たちだってそうだ、六年三組。すばらしいチームワークだよ、君たち。ぼくは昨日から見てる。こういうクラスは、すばらしいものをつくっていく。だからおそらく今日は学校に帰ったら、君たちねえ、すばらしいものができているぞ。

ヨーグルトだとか、甘酒なんての、楽しみだな。今日は寒いけど、君たち帰ったら、温かい甘酒が待ってるから。それを飲んだりしましょう。そろそろ時間だから、ここの酒蔵見学は終わります。

泡汁のプレゼント

小泉　えっ？　プレゼントがあるの？　実はわたしはこの酒屋で生まれたの。この酒屋さんで生まれて、小学校も中学校も小野新町。それで、高等学校は田村高校から東京の大学へ行ったんだけど、わたしが小学校中学校を通して、この小野新町で育って、とてもうれしかったこと、おいしかったことを思い出した。

食いしん坊の先生だったろ？　それはね、「泡汁《あわじる》」っていう酒屋さんでしか食べることのできない味噌汁があるの。さっきのブツブツ発酵している上にできた泡、あれには酵母がいっぱいいて、いわば酵母のかたまりだ。今日、顕微鏡で見て、いっぱいいたもの。あれを味噌

えっ、プレゼント？

はいはい、これが泡汁だ

おまえの少しちょうだい

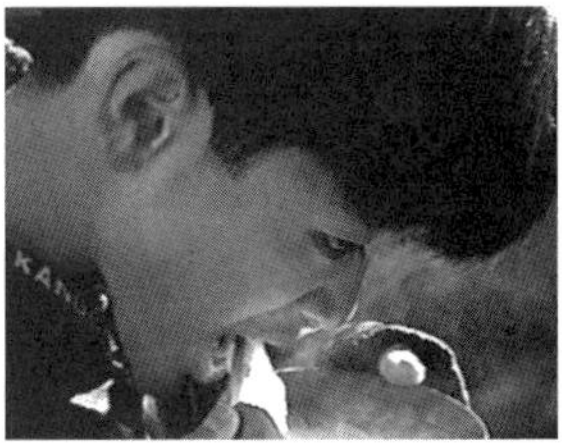

汁にしちゃったの。

子どもたち　えーっ。

小泉　それがね、ものすごくおいしいものなんだ。

みんなの分、泡汁をつくってくれたそうだから、それをみんなで賞味しよう。おいしいよ、これは。ぜんぜんお酒入ってないから、泡だから、酔っぱらわない。

これはおいしい。うれしいねえ。どこにあるのかな？

はいはい、これが泡汁だ。一人一つずつ。みんなの分あるから大丈夫よ。

番組の制作現場から

佐野岳士
東京ビデオセンター

「おう、やっと俺《おれ》んとこへ来たか…。遅かったなあ、待ってたぞ」。受話器の向こうから、東北訛《なまり》の弾んだ声が返ってきた。出演依頼の電話を受けた小泉教授の第一声だ。一九九八年一二月初旬、暮れも押し迫ったとき、我々制作スタッフはピンチに立たされていた。二学期中に撮影しなければならない番組の出演者がまだ決まっていなかったのだ。授業まで二週間しか時間がない。師走の忙しい時に、ふつうならこんな非常識なお願いは一蹴《いっしゅう》されて当然だ。しかも、相手は世界中を飛び回る多忙な研究者である。

しかし、率直に事情を話すと、親分肌《おやぶんはだ》の小泉教授は「二週間か……、うむ、それだけあれば十分だ。さっそく明日打ち合わせをしよう」と快諾してくださった。聞けば、ちょうど番組を見て、自分だったら小学生にどんな授業をしようかと考えていたところだという。

翌日、東京農大の研究室を訪ねると、小泉教授は冷蔵庫から異様に膨《ふく》らんだ缶詰《かんづめ》を取り出してきた。「気をつけろ、爆発するぞ」。噂《うわさ》に聞いた〝地獄の缶詰〟だ。授業の冒頭で、子どもたちの心をガッチリと摑《つか》むために、この缶詰を開けようと言う。さらに、小泉さんは、矢継《やつ》ぎ早《ばや》の指示を飛ばした。「新島の○□水産から〝生のくさや〟を五枚と〝くさやのつけ汁〟をビンで少々、和歌山の△×茶屋から〝サンマの熟鮓《なれずし》〟の三〇年ものをひとビン、これはちょっと値が張るぞ。金沢からは〝フグの卵巣の糠《ぬか》漬け〟だ。時間がないんだろ？　急げ、急げ」。

さすがは「食の冒険家」。使い込んだ手帳をめくり、日本全国をくまなく歩いて見つけた逸品、珍品を選び、その入手先を告げた。結局、この日のうちに番組のコンセプトと授業の内容は八割がた決まってしまった。たった一度の打ち合わせで、ここまで進んだ例はかつてなかった。

しかし、わたしはまだ一つ不安を抱えていた。学校だ。学期末のこの時期に撮影に協力してもらえるのだろうか？　おそるおそる電話をしてみると、校長先生は大歓迎。それもそのはず、小泉教授は地元で知らぬ者がいないほどの有名人だったのだ。こうして、地域と学校の協力も万全となり、我々制作スタッフはピンチから救われた。

それからの二週間は、授業の準備で嵐のように過ぎ去った。古今東西の発酵製品、ヨーグルトなど発酵食品を作るための材料、調理器具などなど、およそ教室に用意する教材の量としては前例がないほどだった。

いちばん若いアシスタント・ディレクターは自宅のアパートで魚や牛乳を腐らせた。（冬なので苦労したらしい）納豆作りの稲藁《いなわら》や煮豆は小泉教授のご実家にお願いした。子どもたちの体にいる微生物を培養してみせる寒天実験の器具は農大研究室のみなさんが用意してくださった。本当に多くの人たちによる共同作業。短時間にこれだけの人が動いてくれたのは、まさにガキ大将の大親分、小泉先生の人柄のおかげだろう。

出張の際にも、絶対グリーン車には乗らない。スタッフに対しても食事のときなど「おい！　クマちゃん（アシスタント・ディレクター）食べてるか？」などと常にいちばん下の者を気遣う。豪快に笑い、しゃべりながらも、食うときにはいつも真剣に考えながら食う。きっと頭の中で化学式が並び、その旨味《うまみ》はどのようなメカニズムで生み出されているのか……などと分析しているのだろう。そして、発酵微生物の話になると少年のように目を輝かせて夢中になる。小泉さんとはそういう人だ。

さて、授業の内容だが、一つだけわたしがどうしてもこだわった点があった。それは〝発酵〟という現象を起こすのが微生物なら、その姿を子どもたちの目に見せたいということだ。ナットウ菌や乳酸菌を見ることはできないかと相談するが、教授は「無理だ。電子顕微鏡でもなけりゃ」とそっけない。しかし、しつこく食い下がると、小泉コンピュータがひらめいた。「よし、実家の酒蔵へ連れて行こう！そうすれば〝もろみ〟がぶくぶく泡を立てている様子も見られるし、酵母ならふつうの顕微鏡でも拝める大きさだ。これこそ生きた教材だぞ！」

準備はすべて整った。

授業当日の様子は番組や本文に詳しいが、我々を最も驚かせたのが小野新町小学校の子どもたちの反応だ。〝臭い食べ物〟などだれも食べたがらないのではないかという事前の予想を見事に覆し、熟鮓《なれずし》、くさやは屁《へ》のカッパ。地獄の缶詰に挑戦する猛者《もさ》まで現れるとはさすが小泉教授の後輩たち、脱帽だ。

小泉先生もこれにはすっかり気をよくし、授業は序盤から絶好調。子どもたちの五感全てに訴える貴重な体験学習が実現した。それは小泉教授の研究に対する熱意をそのまま子どもたちにぶつけるようなエネルギッシュな授業だった。

終盤、「発酵ロマン」の話になると、小泉先生のテンションは下がるどころかアクセル大全開。高校か大学なみの難しい講義も飛び出し、そのまま「地球を救え！」の大号令。これには、子どもたちも一瞬たじろいだ……。

しかし、小泉教授のメッセージは確かに伝わったと思う。子どもたち一人ひとりの充実した表情が物語っていた。

子どもに何かを伝えたいと思ったとき、その人が自分の道にどれだけ情熱を持っているかが最も大切なのではないか。私は小泉先生の姿から学んだ。

二〇〇〇年二月末

（映像演出家）

授業 ⑤

手づくり発酵食品試食会

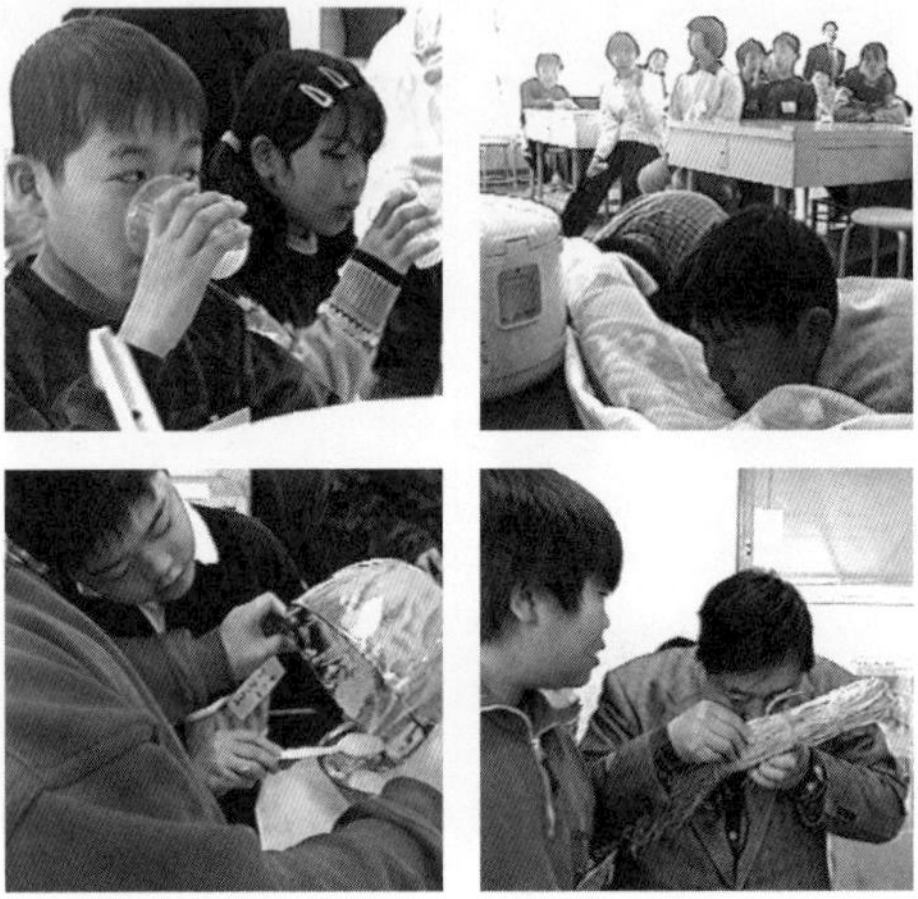

酒蔵見学から学校に戻ると、とても楽しみな発酵食品のできあがりが待っている。

さて、昨日仕込んだ納豆、ヨーグルト、甘酒は首尾よく発酵してくれているだろうか。

発酵学者の小泉先生にしても、ワクワクドキドキの心配と楽しみが交じった気持ち。こたつの中を早く覗《のぞ》きたい。

伝統の発酵食品が豊富な栄養源となったという昔の人の知恵について、自分たちのつくった食品を味わいながら話を聞いた。

納豆、ヨーグルト、甘酒

楽しみと心配ごと

小泉　いよいよ楽しい時間がやってきました。昨日つくっておいたものが、どのようにうまくできあがっているか。

酒蔵見学は、寒いところだったけど、みなさん、ご苦労さん。目に見えない微生物があんなに大きな仕事をしてくれるということがわかったと思います。さあ、これからいよいよお楽しみ時間。

昨日君たちがつくった納豆とヨーグルト、それから甘酒をこれからみんなで食べよう。先生、心配なことがいくつかある。それは、もし失敗したら、「あの発酵の先生は何をしとるんじゃ」ってみんなに笑われるなあ。わたしはまだ、こたつの中を見ていないのね。炊飯器《すいはんき》の中も見ていない。ヨーグルトは固まらなきゃいかんでしょ。ブヨブヨブヨって。それが固まっているかど

うかがまず心配。だけどもぼくは自信を持ってやっているから大丈夫だと思う。

それから今一つは、甘酒が本当に甘くなっているかというのが心配だなあ。ぜんぜん甘くなかったら、何かつまらないでしょ。

さあ、それからもう一つは納豆。納豆はね、だいたい二日間かかるんですよ。だから昨日からだと、まだ一日目だから、やっとそろそろ納豆菌が増殖しようかなって思うくらいだ。たぶん、納豆はまだ早いと思う。だけれども、それを確かめて、もしまだ早かったら、そのままこたつの中にもう一回戻しておいて、明日みんなで、お昼のときにでも食べていいからね。

実はだいたい二日かかるっていうことがわかっていたから、先生が同じ納豆のつ、、、とで、つくっておいたので、もしそれがまだだったら、本当に二日かかるようであれば、あらかじめつくっておいた納豆でごはんを食べる。ごはんを食うよ。ごはんも用意してあるから。

ヨーグルトの確認

小泉　心配だけれども、早速、そっちへ行ってみよう。ちょっとみんな座っててね。（小泉さん、教室の後ろにあるこたつへ急ぐ）

さあ、さあ、心配だな。ドキドキだなあ。では、まず君！　これを一つ開けろ！

さあ、開けて、静かに開けて。それで取り出しなさい。静かに取り出しなさいよ。まずヨーグルト取り出せ。はい、動かさないように取り出して。固まっているかな、ビシャビシャかな。どうだ、どうだ？

男子、こたつからヨーグルトの鍋《なべ》を取り出し、机の上へ運ぶ。

小泉　ほうほう。はい、はい。さあ、取ってみて。固まってたら、先生うれしいけどね。さあ取ってみよう。わー！　ほら！　ヨーグルトの匂いだー。ほら、ほら、ほら。匂い、匂いを嗅いでみなさい。匂いを。さあ、ほら。

「プルンプルンだ」「すごーい」と子どもたちの歓声が上がる。

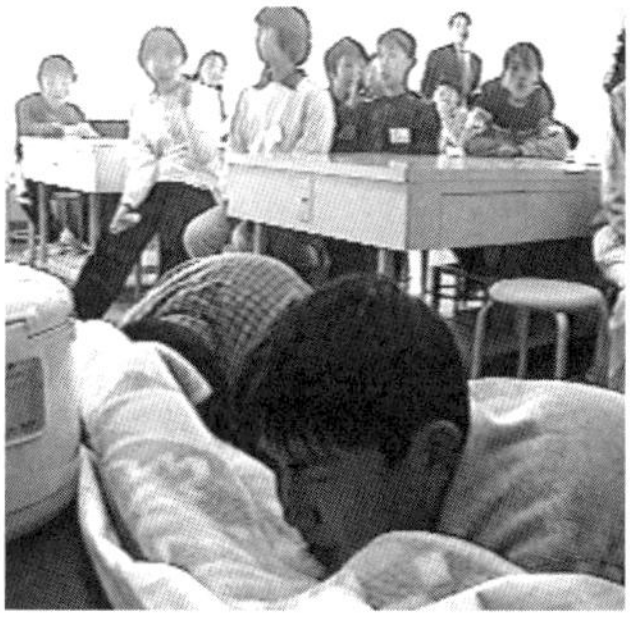
こたつから出す

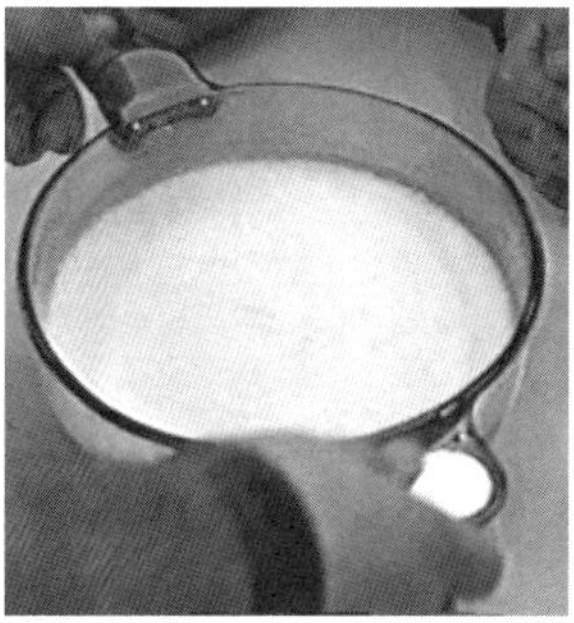
できたヨーグルト

小泉　まだまだ。食べるの待ってなさいよ。（食器やスプーンを用意する）

納豆の確認

小泉　はい、今度は納豆を出せ。いや、あのね、全部出さないで、二、三本出してごらん。納豆は二日かかるわけだから。

一本貸してごらん。まだ早いと思う[1]。（つとを開けて、匂いを嗅ぐ）納豆の匂いが少しする。まだ早いな。もう一本出してみな。どれどれどれ。

みんな見て。ほら、昨日のものはまだこんな状態で、まだ早い。じゃ、納豆はまだこのまま培養を続けよう。はい、ちゃんと入れておけよ。

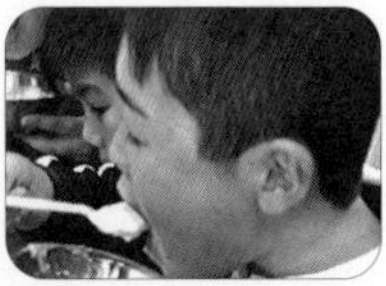

甘酒の確認

小泉　今度はいよいよ甘酒。甘くなっているといいんだけどね。これを一つずつテーブルに持ってって。

開けるよ。はい、開けてもいいですよ。ほらー。ほら。（「ほんとだ。甘酒の匂いがする！」と

納豆の匂いを嗅ぐ

まだ早い(1)

甘くなってるといいけど

できた甘酒

よそう

教室のあちこちで歓声が上がる）

甘いかどうかもやろうね。それではね、はい、いいか。それでは食べよう！

小泉先生は、食器や紙コップなどを配った。子どもたちはそれぞれ、容器によそっておいしそうに甘酒をすすった。

つくってあった納豆

小泉　納豆のことをちょっとお話する。こたつの中に入れておいた納豆を見たけれども、昨日みんなで仕込んだわけだから、明日には食べられる。明日のお昼にでも、ごはんのときに食べてもいいし、みんなで持ち帰って分け合って、お父さん、お母さんといっしょに食べてもいい。

ただ、せっかく藁《わら》の中で納豆をつくったんだから、納豆って本当に藁の中に入れておくとできるのかな、ということも観察した方がいいからね。

ここにね、藁に入った納豆を前の日に先生がつくっておいたものがある。先生はこういうふうにちゃんと上手につくるんだぞ。各テーブルから二人ずつこっちに出てきなさい。

　各テーブルから子どもたちが納豆を取りに来る。

小泉　これを開けてみると、納豆菌が出てると、豆が白くなっていて菌が付いている。そしたら匂いを嗅いでみて。藁の匂いと納豆の匂いがするだろう(2)。

匂いを嗅ぐ(2)

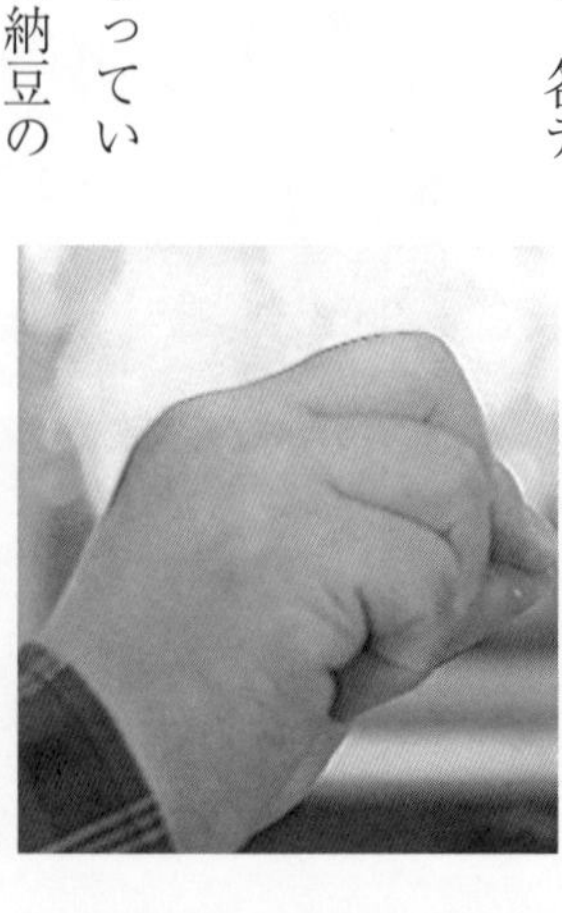

ネバネバ(3)

さあ、では、これをみんなで開けてみよう。どうなってるかな。よーく観察するんだぞ。この白いのが納豆菌だよ。こういうふうになってる。

男子　あっ、ちゃんとネバネバしてるよ(3)。

小泉　これでもまだ、ちょっと糸引きが弱いな。味はまあ、納豆の味するけど。こういうふうに納豆っていうのは糸を引くんだ。納豆菌が糸引いてるのが、手で取ってこうやって見てみるとわかるから。納豆を手で触ってみな。ネバネバするから。それで、一粒くらい食べてみろ。

男子　納豆の匂いがします。これ、食べていいの？

納豆の歴史

小泉　結局、君たちがヨーグルトと納豆と甘酒をつくったんだけれども、ヨーグルトと甘酒はだいたい予想したとおり、おいしいものができました。納豆はね、やっぱり時間が必要だったね。君たちは昨日から、良い微生物が発酵するということを勉強したけど、昔の人たちはそんなことは知らなかった。微生物の存在なんていうのは、本当に知らなかったの。

それなのに、納豆なんていうのは今から八〇〇年も前につくられていたわけだから、最初に食べた人というのは、ヌラヌラしたあの納豆を食べるのに、非常に勇気が要《い》ったし、命がけだったよね。そういうふうにして、ヨーグルトだって最初に食べた人は、ブヨブヨしたもので、何か気持ち悪いなあ、なめてみたら酸《す》っぱいんだけれども、なんて思いながらも食べてみて……。こういうふうにして、昔の人たちはいろんなことを体験して、そして、「おっ、これはいいや、すばらしいものだ」ってことに気づき、どんどん良い方向に改良してきた。

その証拠に、スーパーマーケットなどへ行くと、納豆なんて山のように積んで売っているでしょう。ああいうものは一つひとつこんなことやっていたら大変だけども、今は機械でつくってしまう。昔は稲藁《いなわら》の中でつくったんだけれども、今は、容器の中に煮《に》た豆を入れて、そこに納豆菌を植えればできる。

それぐらい人間というものは、納豆一つでも、稲藁から始めて、現在街で売っているような形にするまでに八〇〇年かかったんだから。すばらしい試行錯誤を繰り返して、知恵をその中に織り込めて、こういうものができたんだな。だから、発酵食品という食べ物はね、昔の人たちの大変な知恵でここまできた。

日本人は米を主食としているので、納豆を稲藁でつくるというのは、つまり米の文化になるわけだね。どうして稲藁の中に納豆菌がいるんだろうなんていうことは、昔の人はわからなかったの。では最初、どのようにして、糸引くヌラヌラしたものができあがったかというと、昔はね、納豆の前に、すでにお味噌《みそ》というのがあったの。

味噌というのは、やっぱり発酵食品だよね。味噌は必ず大豆で麹《こうじ》をつくらなければならない。味噌は大豆や米で麹をつくって、麹が主体の食品なんだ。そうするとずっと昔は、毛布だとかこたつなんてなかったから、どうして温度を保ったかっていうことがある。

稲藁をいっぱい敷いておいて、その中に入っていると、とっても暖かいんだよ。稲藁が断熱材となるから。稲藁の上に煮た大豆を持ってきて、麹菌を空気中から呼んで、大豆の麹をつくってたんだ。ところが、麹菌は生きるのに三五度くらいがいちばん適温なんだけど、ちゃんと管理してないと、温度が四五度まで上がっちゃう。そうすると、納豆菌は四五度がいちばん好きだから、麹をつくっていると思ってたら、実は納豆菌が来て増殖していた。

昔の人たちは、ヌラヌラしたこんなものでも捨てるわけにはいかない。もったいないんだから。今みたいに物資が余ってるわけじゃないいんだから、大

変貴重な大豆なんだ。そのために、ヌラヌラするけども食べてみようって食べたら、これが意外とおいしい。そして翌日、お腹《なか》大丈夫かなあと心配したけど、けろっとして何ともないどころか、納豆食ったら、いいうんこが出た。「あ、これはすばらしいぞ」っていうことになって、それから納豆を意識的につくるようになったんだろうね。

いちばん最初に食べた人、いちばん最初の発見というのは、非常に重要なんだ。昔の人たちは全部経験でそれをやったわけ。

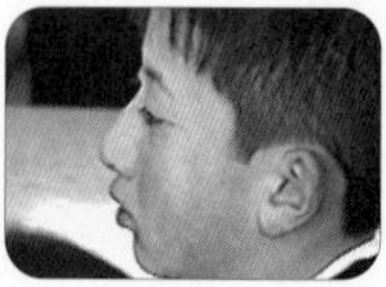

甘酒の歴史

小泉　さてそれから甘酒は？　甘酒はどうしてこんなに甘くなるんだろう？　これをだれがいちばん最初に発見したんだろう？

さっき言ったように、日本酒をつくるときに甘酒をつくって、それに酵母を植えたわけだから、甘酒はお酒をつくるために当然つくっていた。だから、甘酒はお酒といっしょに出てきたわけだと思うでしょ？

ところが、この甘酒はいつできたかというと、これはもう、ものすごく古い時代にできていたんだ。弥生時代から奈良時代ごろ。今から二〇〇〇年近く前。一八〇〇年とか一七〇〇年前とかね。そんな古い時代に、もう麹《こうじ》があって、お酒がつくられていた。だから甘酒ってのは、それぐらい古い。

その甘酒は、実は子どもが飲んでたんだ。君たちみたいな子どもさんが飲んだ。それは、アルコールがないから。アルコールがなくて、甘い。子どもはとっても甘いのが好きだ。そういうことで、昔の人たちはお酒にする前の甘いやつを子どもに飲ませた。これが甘酒。そしてそれに麹を入れて発酵させてアルコールにしたのが、君たちが今日見てきたような、大人が飲むふつうのお酒。だから、子どもは、昔から甘い物が好きだということで、大切にされて、甘酒を飲んでた時代があった。それが雛《ひな》祭りになると「白酒《しろざけ》」になってきたりするんだけども。昔から、子どもたちは甘い物が好きだけれど、当時はお砂糖がほとんどの家になかったの。砂糖がないから甘い物がないでしょ？

その当時の甘い物は何かというと、日本人が食べたのは、干《ほ》し柿《がき》だね。干し柿はとっても甘い。甘味剤《かんみざい》というんだけど。それからあと甘いものは何がある？　お砂糖以外の甘いもの。干し芋《いも》もそうだ。それと山に行くと甘草《かんぞう》という植物があって、その根っこはものすごく甘い。そういうのの根っこを掘

うまい

り起こしてつくったりした。

それから他に何か甘いものがないかっていうと、水飴《みずあめ》。水飴はあったんだよ、昔。どうやってつくったかというと、今、君たちが飲んだこの甘酒、これをね、布で漉《こ》して、米の成分だけ布の方に残すと、下に液体が出てくるだろ。それを鍋で煮詰《につ》めると、水分がどんどん飛んじゃって、最後に残っているのが、とろとろした飴《あめ》だ。これが水飴。

だから、大昔のお砂糖のなかった時代に、日本人は甘い味はどこでつくったかというと、実は水飴だった。その水飴は甘酒からつくった。だから君たちが今日飲んだ甘酒は大昔のお料理用に使ったり、水飴の原料にもなったわけだ。

それで、ご飯を食べても甘くないのに、昨日、お米に水入れてごちょごちょやってかき回して、炊飯器の保温のスイッチ押して一日置いといたら、こんなに甘くなったのはなぜか。それは昨日もお話したけど、米のでんぷんが麹菌のつくったでんぷん分解酵素というもので分解されて、ブドウ糖になったから甘くなった。だから甘いのはブドウ糖だよ。

ブドウ糖というのは、甘いぶどうを食べると、手がべたべたするね。ブドウ糖はブドウの中にも入ってるの。それから、わたしどもが毎日ご飯を食べる、パンを食べる。そうすると、

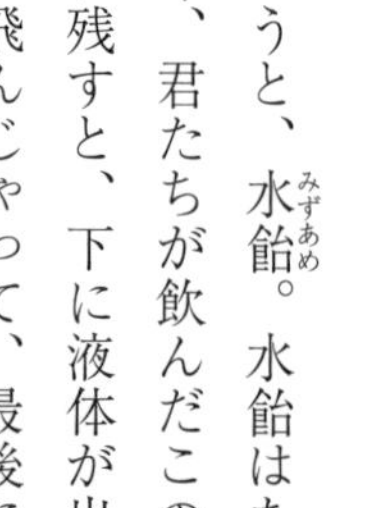

でんぷんが入ってくるだろ？　すると唾液《だえき》とか胃の中で、そのでんぷんが分解されてブドウ糖になる。我々はそれをエネルギーに換えて生きることができるんだ。どんな動物でもそうだよ。草食性の動物でも、哺乳類、我々人類でも、でんぷんのままでは生きていけない。体の中に入れてブドウ糖にすれば、生きていくことができる。カロリーが出る。エネルギーが出る。だから我々には体温というのがあるわけだ。

江戸時代の甘酒は大変すばらしい飲み物だった。江戸時代に『守貞漫稿《もりさだまんこう》』という古い本があって、それには、江戸と京都と大坂では、夏になると甘酒屋がいっぱい出てくる。江戸では「一杯四文也《なり》」と値段まで書いてある。甘酒屋さんがその町に出て、暑い真夏に甘酒売り

あーうまい

をしていた。人口の密集していた江戸も大坂も京都も。なぜかと言ったら、夏バテを防ぐのに、それを飲んだのだ。

甘酒はブドウ糖がいっぱい入ってるから甘い。それから、おいしいアミノ酸ってのがいっぱい入ってる。これは体にとって絶対重要なんだ。それとビタミンもいっぱい入ってる。

つまり、病院に入院して体が弱った人に点滴をするけど、それと同じようなことを甘酒を飲んで江戸時代の人たちはがんばっていた。まあ、そういうことだね。

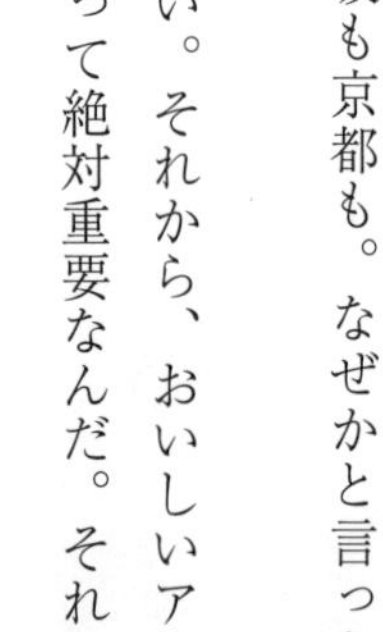

子どもたちの感想

小泉　甘酒、ヨーグルト、納豆。これらの発酵食品をつくってみて、食べてみて、感想というか、質問もあったらいいいんだけど。それをちょっとだれかにきいてみようかなあ。食べてみて、何がいちばんおいしかった？

男子　甘酒がとってもおいしかった。

小泉　そうか。また自分でつくりたいと思う？

男子　はい、思います。

小泉　偉いなあ。君たちはヨーグルトをつくった。実際にさっき食べてみたけどね、街で売っているヨーグルトより非常にさわやかで、なんていうかな、酸味も非常におだやかな、いいライトタイプのヨーグルトになったと、わたしは発酵学者として、思います。君たちも、今までヨーグルトは自分で買って食べていたんだけど、自分でつくるヨーグルトというのは、これはとっても楽しいでしょ。

場合によっては、牛乳の中にちょっとりんごを絞《しぼ》ったジュースを入れて、ヨーグルトをつくってみるとか。フルーツヨーグルトだな。そういうこともできるよ。

ヨーグルトを一個買ってくれれば、それだけで、たくさんのヨーグルトができるんだ。そうだろ？　昨日は、お鍋の中いっぱいの牛乳にほんのちょっとのヨーグルトを入れて、こたつに入れておいただけで、今日、たくさんのヨーグルトができた。三〇人分のヨーグルトができてくるわけだな。

今日食べてみて、自分でね、「よーし、今度は自分でヨーグルトつくってみたいなあ」と思ってる人は、手を挙げて。

ずいぶんいっぱいいる。ほとんどみんなそうだねえ。はい、ありがとう。

君たち、だれだったか「地獄の缶詰」をぱくぱく食ったな。昨日君たちは

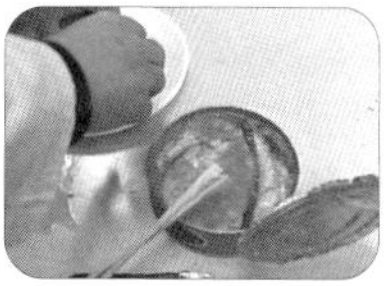

あれを初めて食べたもんだから、だれかの具合が悪くなるんじゃないか、今日何人かは学校来ないんじゃないかと思ったら、そんなことない。昨日より今日の方がお前たちの顔色はいいぞ。発酵食品食べたから。

ちょうど時間が来たから、午後からは「すばらしいミクロの世界に、ようこそいらっしゃいました」をやることにして、では午前中はこれで終わります。

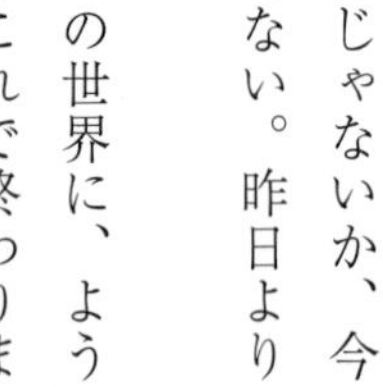

もうほんとに充実した午前中だったけれども、午後は、まったく未知の世界の、「二一世紀は発酵が地球を救い、人類を救う」というすばらしい世界を君たちに伝えたい。

授業⑥
「発酵ロマン」を語る

いよいよ授業は「発酵微生物」についての話に入る。なぜ、微生物が未来を救うことになるのだろう。

世界中の人たちが、これから人類の生存に関して心配していること……環境、食糧、病気、エネルギーの問題は、大変な重大事だ。それらの問題に微生物がどんなふうに関係していくか。ここでは、小泉先生の「発酵ロマン」が熱っぽく語られる。

超能力微生物

土の中の微生物

小泉 それでは今日の午後の授業で、ぼくと君たちはあと何時間かで終わりなんだから、一所懸命やろう。これからは、微生物たちのすごい力を君たちに見せてあげよう。

発酵する微生物、発酵菌がもしこの世の中にいなかったらどうなるかというと、これは地球がもたない。君たちは、見えないそんな菌なんていなくても、地球はもってると思うかもしれない。ところが、そんなことではないんだねえ。

まず、君たちにすごいものを見せよう。よいしょっ。(机の上に袋を置く) 何だ？ これは土だろう？ 先生が昼休みの間に山に行って、掘ってきたの。山の一部分。これを見て、何を感じる？ へえー、こんなの発酵かなあ？ こんなの微生物が関係してんのかなあ、と思うだろう。

ところが、地球上には一年間にだいたい一兆トン、一兆トンなんていった

らとんでもない、想像もつかないような量だね、一兆トンもの植物の枯れ葉とか動物の死骸《しがい》とかが、この地球上に出てくるの。それが毎年、毎年。地球はもう四六億年も前にできて、それからずーっと過ぎて、こういう植物が出てきて、それから毎年毎年植物の葉っぱが落ちてきたらどうなる? 地球上は全部植物の葉っぱで覆われちゃって、人間の住むところなんてなくなる。

ところが、山へ行ってごらん。三年ぐらい前に落ちた葉っぱはもうないよ。これが今年落ちた枯れ葉だ。実は、土の中にいる微生物が、こうして落ちてきた葉っぱや動物の死骸などを完全にきれいに発酵させてしまって、土をつくってしまうんだ。

こういう山の土というのは、全部発酵によってできるんだよ。発酵した土は、黒くってとても栄養分があるんだよ。だからこういう栄養分のある土の畑を掘り起こしたり、そういう土の田んぼに稲を植えたりする。そして畑には野菜を栽培して、わたしたちがそれを食べるわけだ。

だから、微生物がいなければ、この地球は成り立たないんだ。この辺は去年の葉っぱ、この辺は前の年の葉っぱ、ここはもう三年ぐらい前の葉っぱ……、とだんだん土になっちゃってる。君たちも今度、昼休みでも山に行って見てくるといいよ。どんどん上の葉っぱをかき

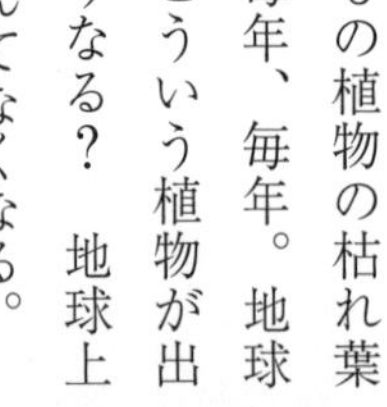

分けていくと、そのうちにこのような黒い、発酵が始まっている葉っぱがあって、さらにその下に行くと、葉っぱの繊維だけが残っている。もっと下の方へ行くと、今度は土だけになってしまう。

それで、これはみんな微生物がやってくれているの。こんなにスケールの大きいことを微生物はやるんだぞ。土が肥《こ》えていくのは微生物のおかげなんだ。だから、人間というのは、やはり人間だけでは生きていけないんです。微生物といっしょに生きていく。微生物がこうして土をつくってくれて、その土を利用して人間は作物をつくる。土の上にどんどん草が出てきてくれると、牛がその草を食べて、それでその牛が牛乳を出してくれて、君たちはそれをチーズやヨーグルトで食べる。

だから、全部そういう循環《じゅんかん》に関係しているのが、微生物というわけだ。わかった？　だからこういう身近なところでも、微生物というのはすごく役立ってる。畑の土づくりまでしててんだからな。

色を消してしまう微生物

小泉　先生の大学研究室に角田教授という研究者がいるんだけど、その先生

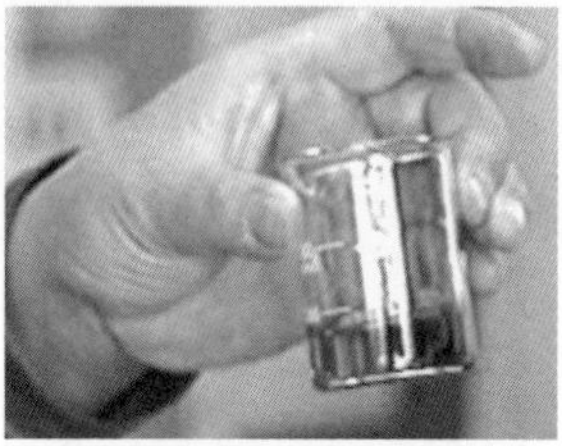
赤い色

脱色酵母を入れる

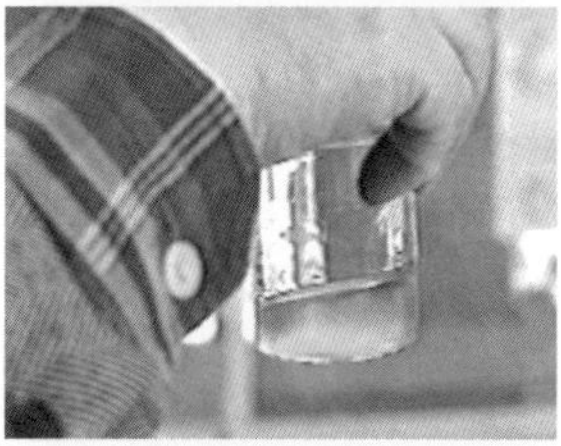
色が消えた！

うそー

五年かかった

とわたしは、とってもおもしろい微生物を見つけて、大変話題になった。それは何かっていうと、実はね、ちょっと実験してみようか？

　ここに赤い色がある。先生たちが見つけた微生物は、なんと色を消してしまう微生物。すごいねえ、色をぱっと消してしまう。その微生物がこれ。その微生物から採った酵素、色を消してしまう酵素だ。これが、すっごい力を持っていて魔法みたいに色を消してしまう。ほら、ちょっと入れてみるぞ。見てろ。

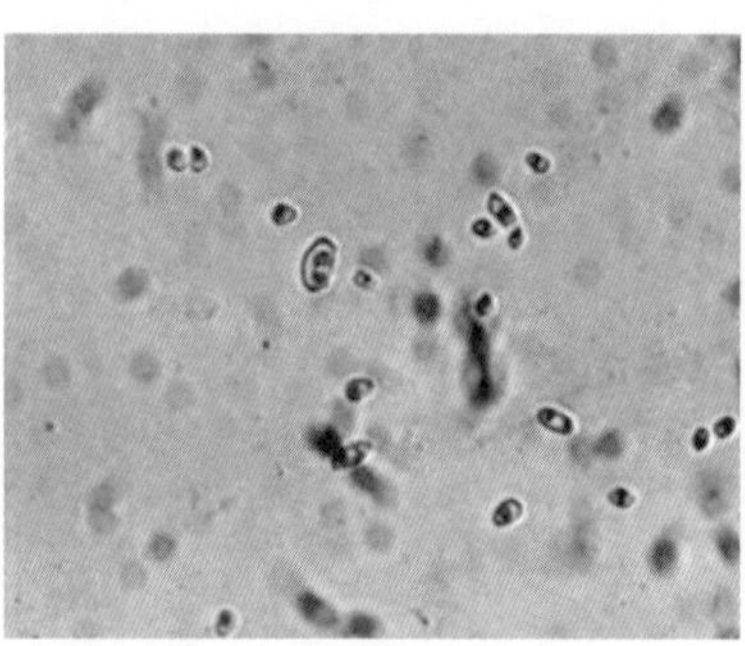
脱色酵母

ほら、色が消えちゃった！

この微生物は、これがなんとどこにいたと思う？　これは「脱色酵母《だつしょくこうぼ》」というんだけど、さっき酒蔵で顕微鏡で見たあの形をしてる。あれと同じ酵母という種類で、色を消してしまう酵母。こういうのがいるんだよ。そんな酵母がどこから来たと思う？

なんと秋田県から出てきたの。秋田県に八幡平《はちまんたい》という国立公園があって、そこの山にいる鳥で「キジ」って知ってるだろう？　キジ。そのキジのうんこの中にいたの。なんでキジのうんこの中に色を消す微生物がいるかって？　それは謎《なぞ》。全くわたしどももわからないし、おそらく動物学者もわからないだろう。だからそのぐらいに、微生物ってのはどこに何がいるかわからない。

最近は、ガンを治す微生物が出てくるとか、エイズを治す微生物が出てくるとかって、いろんな微生物を我々発酵学者が探してるの。

おもしろいことにね、その色を消す微生物でこんなこともできるんだよ。

これを用いて、染物屋《そめものや》さんから出る排水《はいすい》、川に流す赤い水とか、そういうのを全部処理してしまっている。もう社会的に役に立ってるんだ。

こういう変な微生物がいるんだね。本当にすごい微生物。たくわんの黄色

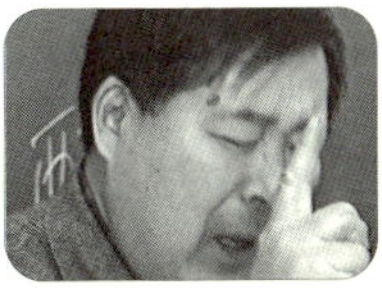

一つだけあった

い色も消してしまうんだよ。自然の中には不思議な生き物がいっぱいいるわけだね。これからも、もっとすごいスーパー微生物が出てくるでしょう。

この微生物を見つけるのに何年かかったと思う？　五年くらいかかったの。もう、全国、全世界から微生物を集めて、色を消す微生物を探して、やっと一つだけ出てきたの。それがこの酵母。もうこれはすでに実用化されている。先生たちもこれを簡単に見つけたんじゃなくて、大変な苦労をして見つけてきた。

いろんな超能力微生物

小泉　おもしろい酵母とか微生物の能力というのはすごいねえ。すばらしい花の匂いをつくる酵母もあるよ。薔薇《ばら》の花の匂いとか、梅の花の匂いとか、それからくちなしの花の匂いとか、スミレの花の匂いとか、リンゴの花の匂いとかって、花の匂いをつくる、それもものすごくいっぱいつくる、そういう酵母を先生は持ってるのね。そういうのも自然界から採ってきたんだ。だから、自然界には、おもしろい酵母が、微生物がいっぱいいるんだ。もちろんこれらも、すぐに簡単に見つけられるものではないよ。おもしろい話があるんだ。さっき先生は、うんこに注目してたね。キジのうんこ。あれはね、おもしろいんだよ。だれもうんこの研究してる人がいなかったの。うんこの中の微生物というのを、あんまりみんなやっていない。汚いからかな。ところが先生たちは、うんこの中に超能力微生物がいるだろうと目をつけたの。わたしの研究室ではね、超能力の微生物を探すことをやってる。

超能力微生物は、実はまだまだものすごくいっぱいあるの。酸《す》っぱい物質をつくって、それをどんどん出すもの。麻薬《まやく》というあんまりよくない薬があるんだけど、その麻薬だけを食べてくれる微生物もいる。

それからなんと、一〇〇度の温度でも平気で生きている微生物がいる。一〇〇度の温度だぞ。我々手を入れたらあっという間に火傷《やけど》しちゃう。その中で生きているサーモフィリスという微生物がいる。それから逆に、南極のマイナス三〇度、四〇度という寒いところに生きる微生物がいる。だからね、もう微生物の世界は超能力の世界。

うんこに目をつけたのはどうしてかっていうと、いちばん最初はシロアリだった。君たち、シロアリって知ってるか？　家の下の土台に入って、木を食べちゃう。それで家を腐らせてしまう。シロアリという人間にとっては悪い昆虫がいるんだ。そのシロアリは、大変おもしろい性質を持っている。シ

ロアリが木を食うでしょ。そうすると、シロアリには胃袋があって、そのあとおしりからうんちが出てくる。ところがシロアリの胃袋には、繊維を分解する物質がないのね。

繊維を分解するとブドウ糖になって、シロアリは栄養源を得るはずだ。それでエネルギーを摂《と》って生きることができるんだけど、木を食って、その木の繊維を分解する酵素がないんだよ。なのになぜ、シロアリは木を食べて、繊維を分解して、うんこを出すことができるのか。

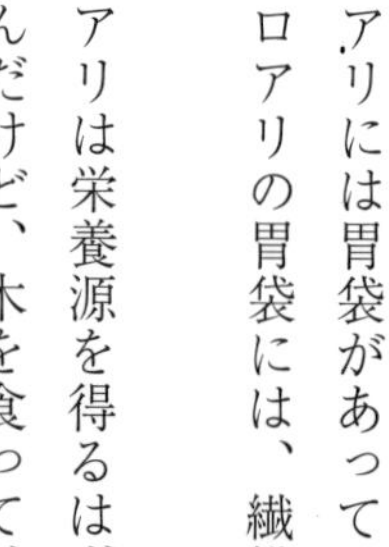

それで、シロアリのうんこを調べたら、うんこの中にさまざまな微生物がいっぱいいたの。そのなかの微生物が、シロアリが食べた木を分解してくれていたんだ。分解したその物質をシロアリが利用していた。微生物はそのうち、この中で弱ってくると、うんちになって出されてしまう。

シロアリはお腹の中に繊維を分解する微生物がいるから、自分の食べた木をその微生物の力で分解して、ブドウ糖にしたものを利用する。微生物は、シロアリの体の中に住ませてもらっている。こういうのを「共生」という。

そんなもんだから、うんこを見たら、もう、いろんな種類の微生物がいる。そして先生たちは、よしっ、うんこに注目しよう、ということで、日本国中の野生動物のうんこを集めた。鳥はもちろんカモシカ、イノシシ、それからヘビ。ヘビもうんこをするんだ。珍しいイリオモテヤマネコのうんこまで集まったんだ。

そして、そのうちのキジのうんこの中に、色を消す微生物がいた。不思議なことだね。

ここで重要なことは何かというと、なぜ、そんなうんこになんて気を取られたんだろう、なぜ、うんこに興味を持ったんだろうってみんなは言うけど、だれもやらない世界だったことなんだ。君たちもこれから生きていくとき、みんなと同じことやってるんじゃなくて、今度は、「よしっ、これはだれもやってないから、ぼくはこれをやってみようじゃないか」というような好奇心を持つことだな。

夢の微生物を君たちも考えよう

小泉　先生ばっかり、こういう微生物採って、良かったな、うれしいな、楽しいな、というようなことじゃなくて、今度は君たちも一つ考えてみたらどうだ？　こういう夢のような微生物がいると、世の中が幸せになるだろうなあ、こういう微生物がいたら、おれはぜったいすばらしいことをするぞ、と

か。さあ、どういう微生物がいたら、君たちはいいと思う？

じゃあね、いろいろ手が挙がってるからね。

男子　はい、ダイオキシンを消す微生物。

小泉　ああ、それはすばらしいね。今問題になっているダイオキシン。やっぱり六年生くらいになると、このくらいはよく知ってるんだね。今、環境ホルモンの問題とか、いろいろな面でダイオキシンというのが大きな問題になっている。これはすでに、ダイオキシンを分解して無害にする微生物の発見に、世界各国のいろんな微生物学者が挑戦している。いい質問だな。

男子　うんこを溜《た》めて金にしてくれる微生物。（笑）

小泉　それはすばらしいリサイクルだな。そりゃぼくもね、やってみるかな。いい考えだ。そうか、うんこを微生物に食べさして、その微生物がお金になると。はあ、これはいい発想ですね。そしたら大金持ちになるな。日本中のうんこがみんなお金になっちゃえば、こりゃいいわ。

ただね、不可能ではないんだよ。うんこを発酵させれば、さっき言ったように土になっちゃうんだよ。有機物はみんな発酵すると土にかえる。その肥沃《ひよく》な土を利用して、作物を植え

て、その作物を売ったらお金になる。昔の堆肥《たいひ》というのがそうなんだ。なかなかいい質問だな。

じゃあね、グループになってみんなで相談して、このテーブルではこういうものがあったらいいなというものを、出してください。

グループで相談して、あったらいい微生物を考える

小泉　それじゃあ、各班でユニークな、こんな微生物がいたらというところを。もし一つの班の中で意見がまとまらないなら、意見が二つあってもいいから。

子どもたち　いっぱい出たー。

小泉　いっぱい出た？　よし、じゃあまずこっちの班から。

男子　体の中に入って、悪いところがあったら治してくれる微生物と、増毛《ぞうもう》してくれる微生物。（笑）

小泉　なるほど。いいね。

男子　害のある物質を食べてくれる微生物。

男子　脂肪をなくしてくれる微生物。

男子　歯垢《しこう》を食べてくれる微生物。

小泉　ああ、そうか、わかった。ここの班の考えは、ほとんどは体のためになる微生物だな。その中で特におもしろかったのは、脂《あぶら》を食べてくれる微生物、それで痩《や》せたい。その微生物を体の中に入れると、脂肪を食べてくれてこんな太った先生もスマートになっちゃう。こういう菌がほしい、なるほどなあ。

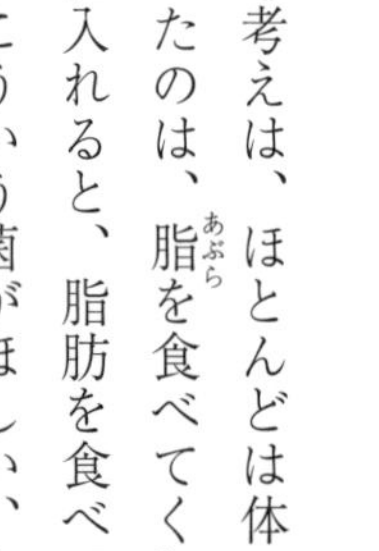

　それから工場から出てくる有害な物質を食べてくれる微生物、これはすでに実用化されている。さっき出ていた脂肪を食う微生物。これはなかなかいい。これはすでに研究段階にある。油を食べる微生物はいっぱいいる。だけど体の中に入って体の脂だけを食べてくれる微生物というのは、なかなか難しいんでね、今やってるんだけど。

男子　さっき微生物が脱色するって言ってたから、その逆で、色をつけてくれる微生物。

小泉　それはね、非常に可能性があるの。さっき色が消えたろ？　今度はこれを戻せばいい。これは実は逆酵素反応といって、物質が完全にバラバラに分解したのではなくて、色をつくっているその物質の結合のところをちょっと切っちゃったから色が消えちゃったの。「発色断《はっしょくだん》」というのを切っちゃったから。だからそれを戻すには、別の酵素を持ってる微生物を探せばいいんで、それは非常に可能性があると思うよ。つまり今度は色をつける微生物ね、それはおもしろいな。

それからさっき、いいのがあったな、増毛ね。実は麹菌が麹酸という物質を出すの。昨日のパネルで良い微生物のところに麹菌と書いてあった。お酒をつくったり鰹節《かつおぶし》をつくったりする麹菌。その麹酸という物質の中に育毛性があるということがわかってきた。だから最近は麹酸入りの育毛剤も売ってるよ、化粧品で。それも発酵だ。

それから、歯垢《しこう》があった。歯にいろんなものがくっつく。これはすでに実用化されている。酵素入り歯磨き。あれは歯にくっついているいろんな分解されない物質を、酵素を入れて分解してしまうわけだ。もうすでに酵素入り歯磨きは売ってるよ。

この班は科学者ぞろいだね、すごい。それでは次の班。だれか代表して言いなさい。

女子　汚れた川をきれいにしてくれる微生物。

小泉　川の汚れをきれいにする。すでにこの微生物は実用化されていて、大きな工場に行くと水がうわんうわんと回ってる。あれは川に流す水をきれいにしている。それから川の水もきれいにすることは、すでにあちこちで試みられている。それは川の水をきれいにする微生物を木炭の中に入れこんでい

る。炭は知ってるか？　木炭の横断面をよく見ると、ぶつぶつとずーっと奥まで穴があいてるんだ。川の汚れは有機物だから、その有機物を食ってくれる微生物を炭の間に棲《す》ませて、これを流れてくる川に固定しておく。川上から汚い水が流れてくると、ここの木炭の中にいた微生物は、水の中の汚いものを食べて、川下に流れていく水はとってもきれいになっちゃう。もう、こういうのが実用化されています。なかなかいい質問だったな。環境をきれいにする微生物。

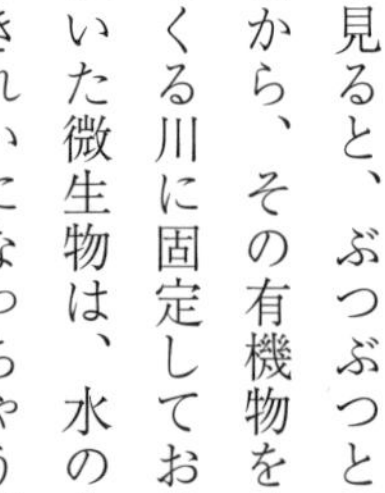

はい、じゃあ次の班。

男子　ゴミを食べ物に変える微生物。

小泉　ゴミを食べ物……これは、またすばらしい。おまえはすごい、みんなもそうだけど。ゴミを食べ物にしてくれる微生物？　実はこの後のビデオテープに出てくるよ、それが。

男子　眠気を吹き飛ばす微生物。

小泉　これは先生も頭痛いな。これはちょっとね、そうだな、これはちょっと先生も無理かな。眠気吹き飛ばさなくても眠いからな、先生いつも。まあ、これはちょっと棚上《たなあ》げしておきましょう。

男子　モノを増殖してくれる微生物と、若返らせてくれる微生物と、死んだ人を生き返らせ

てくれる微生物。（笑）

小泉　はあ、そう。

男子　筋肉モリモリにしてくれる微生物。

小泉　そうか、わかった。死んだ人を生き返らせるのは、まずないな。だけど、例えば魚が死んだり動物が死んだりして、その死んだ動物を発酵させて土にかえして、それで生きていくという微生物はいるからね。だから一つの命がなくなっても、次から次にそこから命が涌《わ》き出ていくわけ。

それからあと、筋肉モリモリ、これはおもしろい。すでに、ある製薬会社ではホルモンという物質を発酵生産しています。今は植物ホルモンをつくってるんだけど、ホルモンという物質は研究しだいでね、人間の筋肉を増強させるものも、これから発酵によってできると思う。すでに発酵法によってホルモンはできています。だからそういう時代まで来てるんだよ、いい質問だな。もう一つあったな、何だっけ？

男子　若返らせる。

小泉　若返らせる。これはやっぱり、微生物を体の中に入れて若返らせても、それはなかなか難しいかもしれない。そういう微生物を探すために一生懸命

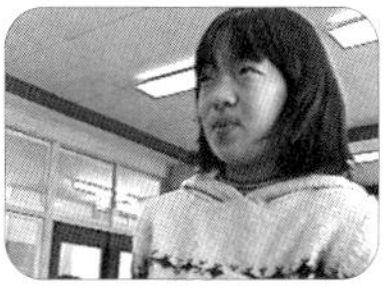

張り切って研究すると、いつも先生みたいに若い。

では次の班は何だろう。

男子　壊れたものを直してくれる微生物と、悪い菌を食べてくれる微生物。

小泉　そうか。まず悪い菌を食べてくれる微生物は、いっぱいいます。それから、こういう微生物もいるんだよ。今悪い菌と言ったけど、悪い菌は悪臭を出すでしょ？　その悪臭を食べてくれる微生物がいる。それを無臭化微生物といって、臭いがなくなっちゃうの。先生の研究室でも、昔、無臭化微生物を研究していて、すごい悪臭をきれいになくしてしまった。

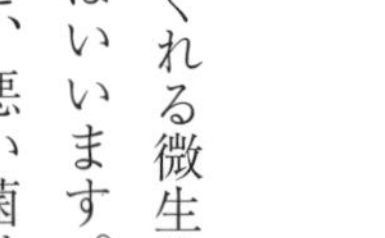

滋賀県に先生の研究所があるんだけど、そこに林田博士という先生がいる。畜産《ちくさん》団地といってね、ウシとかブタとかをいっぱい飼ってる街がある。北海道だとか滋賀県にも、街の人口よりも家畜の方が多いという街があるの。畜産の街。そこではウシやブタの糞尿《ふんにょう》がいっぱい出るでしょ？　風向きによって街の中に糞尿の臭いがドーッと入ってきて、街の人たちが本当に困っていた。そのときにその林田先生が無臭化微生物で嫌な臭いを全部とってくれて、さらに嫌な臭いを出す微生物を全部やっつけてくれる、そういう微生物をつくった。しかも人間には無害。それは実用化されている。臭いまで食うんだぞ、微生物は。いい質問だった

ね。

はい次の班、行こうか。

男子　病気にさせるものをなくす微生物。

小泉　ああ、そうか。人の病気をなくすための微生物。抗生物質は、人がなった病気を抑《おさ》えたりする。例えば君が歯医者に行って歯を抜いたりすると、化膿《かのう》して腫《は》れちゃうな。それは悪い菌が歯肉を腐らせて腫れあがるわけだから、その前に微生物がつくった抗生物質を塗っておいたり注射したりすると、悪い微生物がやっつけられて殺される。そういうのはすでに実用化されている。

ずいぶんみんないい答えが出てきたけども、「わたしはまだ言い足りない、これはいい」っていうのがあったら、ちょっと手を挙げてみて。

いるだろ？　これは実用化になったら特許になって大金持ちになるかもしれないぞ！　チャンス、チャンス！

男子　うんこを食べ物にしてくれる微生物。

小泉　うんこを食べ物にしてくれる。さっき言ったゴミもうんこも同じことと考えて、今、これからビデオを見よう。うんこを食べてくれてお金になる

微生物の話がこれから出てくる。生ゴミを食べてお金になる微生物が今これから出てくる。それをちょっと見てみよう。

こんなことをなぜ君たちにきいたかというと、人間は何でも目標を持っていろんなことをするときには、夢というのが必要だ。それから、発想だな。どういう方法でやったらいいんだろう？　何があったらいいんだろう？　こういう発想と夢が重要だ。

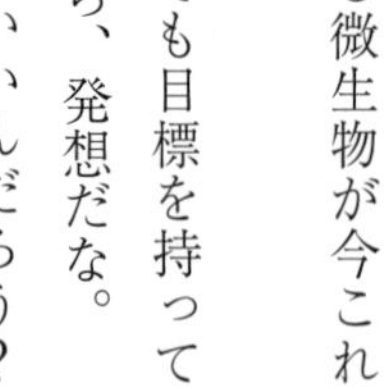

だから先生がさっき、色を消す微生物を探したって言ったけど、あれは先生が、色を消す微生物があったら楽しいだろうな、今はテレビの時代だから、テレビなどの機械の中にそんなものを入れとけば、自分で自由に色のアレンジができるんじゃないかとか、それから色を消しちゃったけど、ちょっとあの色に戻したいと思ったときに、別の微生物の酵素を利用すると今度は色が戻ってきたらいいなとか、そういう想像をしていくと、とっても楽しい。そういう夢を、先生は最初見たの。こんなに広い地球上には、そういう微生物の存在もおそらく不可能ではないだろうということで、先生は角田先生と二人で取り組んだ。「発酵ロマン」だなあ、それをやったんだ。

だから君たちも発想すればいいよ。とってもおもしろい発想が出てくるよ。それを夢に終わらせないでおもしろくするには、それの周辺の学問も必要だな。

例えばうんこのことが二、三人から出てきた。そしたら、うんこってそもそも何なんだ？ただ臭いだけじゃないぞ、あれは。うんこの成分は何なんだろうというところから、図書館に行って調べてごらんなさい。それだけでも小野新町小学校六年生、全校生徒の五〇〇人の中のただ一人のうんこ博士になれるよ。

そういうふうに、一人でもいいから、うんこのことを知りなさい。うんこという言葉を嫌だっていう気持ちじゃなくて、うんこの中にもこういうことをするのがいるんだ！　と。スズメがぴょんぴょこ飛んできてそこにピタッとうんこする。そのスズメのうんこの中にどれくらいの微生物がいるかというと、だいたい三〇〇〇万匹いるんです。君たちのうんこの中にも一億ぐらいの微生物がいる。主に乳酸菌という微生物だ。それから大腸菌。病原性の大腸菌じゃないけどね。だからうんこには可能性がいっぱい秘められているよ。

動物脂が植物油に変わる！

小泉　先生は中国に一八回行ってます。だから『中国怪食紀行』とか、中国に関する本も何冊か書いてる。

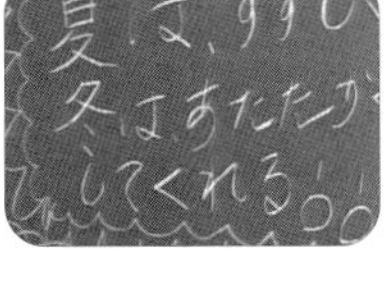

中国に行く度に、先生は非常におもしろいものを見つけてきた。中国というのは、世界でいちばん豚肉《ぶたにく》を食べる民族ですよ。全世界の豚の四分の三は中国で生産されている。だから中華料理は豚をよく使う。

でね、中国に行くと、日本の鰹節《かつおぶし》みたいに、豚のももにカビを生やすんだ。それで水分を飛ばしてカッチンコッチンにして、保存食品にして、出汁《だし》をとる。

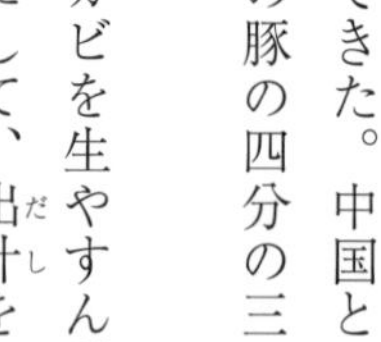

実は中国には鰹節はないんだ。どこを探しても中国ではつくられていない。あそこは大陸の国で、海に面しているのはちょっとこっち側だけだからね。

むしろ奥地に行くといろんなものがあって、なんと中国では、豚のもも肉にアオカビをつけて、それを発酵させた「火腿《ホイティ》」という食べ物がある(1)。これがそう。吊《つ》るしてあるものだ。それでもも肉の表面には、カビカビ、これ全部カビだ。そしてこれがカッチンカッチンになって、これを削って出汁《だし》をとる。なんだか日本の鰹節と同じだなあ。

ところが先生は、ここに行ってこれを見てね、「ああ、うまそうだなあ」なんていうことだけじゃなかったの。実に不思議なことを見つけた。

できあがった火腿には全部カビが生えている。一年半かかってつくるんだ。ところがね、この下に竹が置いてある(2)。しかも竹のところに穴があいている。空間がある。実は、この豚の足を発酵させているところへ行ってようく見ていたら、なんと驚くべきことが見つかった。

それは、この豚を吊るしている所から、チッタチッタってあるものがたれてきている。何だと思う？　血じゃないよ。たれているのが何かというと、豚の脂《あぶら》が溶けて落ちてきている。それで、竹の下に集まって、それが流れてきて、全部一か所に回収されるようになっている。

ここで君たちは、「不思議なことだなあ」って、気がつかなきゃならない。先生にはそれができたんだ。君たちはまだ六年生だからそれは無理かもしれないけど、そこがいちばん重要なところ。

考えてごらんなさい。豚の脂は固体だ。液体じゃないよ。豚も牛もその脂を見てごらん。白いかたまりだろ？　溶けてないだろ？　だから、ここにある脂は溶けるのがおかしいんだよ。ところが脂がチッタンチッタンと落ちてくるということはどういうことだろう？　非常に不思議な現象がここにある。

先生は、すごく食いしん坊なの。だからいつも豚とか羊とか牛を食ってるわけだ。だけど、今までそんな体験はなかった。豚の脂が溶けるなんていうのは。熱もかけてないんだよ！　しかもそんなに暖かい所でもない。

火腿(1)

豚の脂が液体になるには、六、七〇度かけなければならない。フライパンでやっと溶けるくらい。

ところが常温で溶けるっていう脂は、一体何だろう？　植物の油だ。なたね油とかてんぷら油とかは、冬に台所にあって凍《こお》るか？　白くなるか？　ならんだろう。実は、これはなんと驚くことに、動物の脂が植物の油に変わってきた。驚いたねえ。なぜ、そんなことがわかったかというと、落ちてきた脂はもう固まらない。冷たくても固まらない。それでまだ残っている（もも肉のところの）脂も、溶けかかってぶよぶよしている。

それがどういうことを意味するか。動物性の脂、特に牛とか豚とかの脂というのは、ちょっと難しいけど、「飽和《ほうわ》脂肪酸」という脂でできているの。それとグリスライド物質。ところが植物性の固まらない油は、「不飽和脂肪酸」という物質でできている。実は、ここの肉の脂をとってくると、飽和脂肪酸。ところが下に落ちてきた油をみると、これが不飽和脂肪酸。ちょっと難しいけど、二重結合という、結合状態がぜんぜん違う物質。脂肪酸になっちゃった。

だから簡単に言うと、豚の脂が植物のなたね油に変わっちゃったんだ。だれが変えた？

ここに増殖したこのカビが、不飽和結合に変えてしまったんだね。二重結合に変えた。不飽和脂肪酸にしちゃった。専門的には「ジサチュレーション」というの。その酵素がこのカビにある。

この研究をわたしといっしょにした人がいる。そしてその人はこの研究をして、博士論文を書いちゃった。和久豊さんという人の研究だ。

中国の「キンカ火腿《ホイティ》」というんだけれど、豚のもも肉を発酵させているこれは、アオカビがいっぱい生えているだろう？　和久さんはこの研究で博士になっちゃった。まだ若いのに。

それから、もう一人この研究をわたしとやっているのが寺沢先生。それでこの研究は、今すごく話題になって、日本の大きな化学会社といっしょに、日本国中の豚の脂と牛の脂、それらはね、使いみちがないから集めてきて、それをこの微生物で発酵させる。そして、植物の油にすれば、みんなも使えるようになる。そういうような仕事を、今先生たちはやっている。これもまさしく、驚くべき発酵の世界だね。超能力微生物だよな。

驚異、生ゴミが微生物の超能力で生まれ変わる

小泉　さあ、それじゃ今度は、ビデオを見ましょう。今、世界中で困ってることは何だろう？　世界で本当に困ってることの一つは、生ゴミだよ。なぜ生ゴミが困るかというと、燃やすことができないんだ。生ゴミは燃やすと大気汚染になる。ものすごく煙が出て、空気中を汚染する。ダイオキシンになって出てくるから燃やせない。じゃあ海に持ってって捨てちゃおうか？　余計だめだね。海洋汚染があるから。今まで生ゴミは、山へ持って行って穴を掘って捨てるほかなかったの。そういう状況にきている。

ところが、今先生たちが共同研究している所が、宮城県の村田町にある。ここは、すごい所だよ。これから見せるけど、世界一巨大な発酵設備があって、ちょうどこの教室くらいの空間が、一〇〇メートル向こうまで続いている。そしてその一〇〇メートルの空間に、生ゴミが入口からドーンと入ってくる。

ビデオで見るとわかるけども、説明しておくから。そこには例えば、魚屋さんから出た魚の廃棄物、それから、気持ち悪いぞ、牛や豚の肝臓がゴロゴロ出てくる。それから生ゴミがいっぱい。それは仙台の人たちが出す生ゴミだ。仙台から出るいろんな畜産廃棄物も含まれ

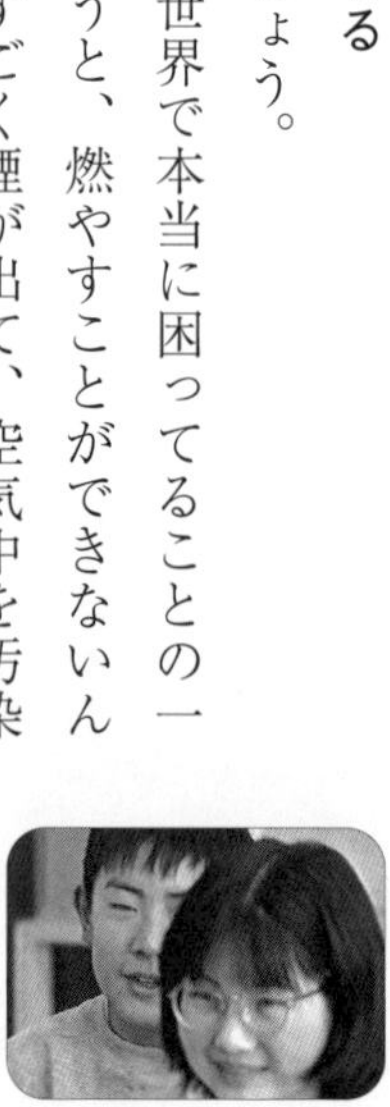

ている。

そういうものを微生物が喜んで食べて、発酵させるわけ。それで、ものすごい水蒸気が出て強烈な発酵をするから、エネルギーがものすごく出て、温度が九〇度まで上がっちゃうの。

生ゴミを食べる微生物のために温度が九〇度。その中に入ったら、とても熱くて大変だ。その蒸気がワーっと出て、なんと生ゴミが、豚の内臓が、牛の頭が、ひづめが、骨が、何にもなくなって、二五日過ぎると、全部すばらしい土（堆肥）になって戻ってくる。

その土を利用して、大根をつくったり、菜っ葉をつくったりするんだけど、そうすると、ものすごく大きい大根や菜っ葉ができる。味もおいしいから、それがお金になる。わかる？

君のさっきの質問。生ゴミがお金になる。うんちなんていうのもそうなんだ。これからは屎尿《しにょう》処理もやっかいな問題だ。屎尿は海に投げられない、燃やせない。発酵して、土をつくらなきゃいかん。そのつくった土は非常に力のある土だから、すばらしい野菜ができる。その野菜を売ったら、お金になるだろう？　その実現をこれから見よう。

ビデオ

生ゴミを肥沃《ひよく》な土に変える

今、世界的な問題の一つに環境問題がある。とりわけ日本では、ゴミ処理の問題は日常的に大問題である。

家庭から出る生ゴミ、工場から出る有機性廃棄物、酪農家から出る畜産廃棄物などなど、毎日出る大量のゴミをどのように処理するか。

家庭から出る生ゴミは、焼却処理しようとしても高温で完全燃焼できるならいいが、水分が含まれていて八〇〇度以上には上がらない。そのため不完全燃焼によってダイオキシンという有害物質が生まれて、重大な環境問題を引き起こしている。

例えば、大気汚染。焼却で発生したダイオキシンを含んだ雨が降ると、硫酸などを含んだ酸性雨になる。それで木も枯れてしまう。また、残灰からは、環境ホルモンなどの危険物質が溶け出す。

では、山などに埋めるとしたら、汚染物質の溶出の恐れがある。それ以前に、日本は国土が狭いから無理。だからといって海洋投棄もまずい。これまで他の国でも海洋投棄していたが、海洋汚染の問題が起こって、国際条約で規制され始めた。

ではどうすれば？　というときに、救世主が現れた。それがこのビデオに紹介されている超能力微生物による発酵の力だ。

昔から堆肥《たいひ》という方法があった。それは、ゴミを肥沃な土に変える。しかし、これには四、五年の時間が必要だった。それを、わずか二五日間で完璧なる堆肥（肥沃な土壌）に変えてしまう発酵システムづくりに成功した。

宮城県柴田郡村田町の葉坂勝《はざかまさる》さんは、高校も行かずに堆肥のことをずっと研究してきた。葉坂さんの堆肥工場には、教室ぐらいの幅が一〇〇メートルも続く発酵槽が一七もある。そこへ仙台市の生ゴミ、硝酸（畜産団地の家畜の糞尿）、ビール会社のかす、火力発電所の排水溝の周りに付着したフジツボなどが大量に運び集められて、それをここで処理している。

　発酵槽に集められたゴミは、燃えるゴミ、燃えないゴミなどと分別されていない。有機物も無機物もいっしょである。それが微生物がもっとも生きやすい温度、九〇度に保温され、微生物の食べ物となるものだけ、分解される。分解は、堆肥の出来かたと同じであるが、ここでのシステムでは約二五日間で完全に分解を終える。分解されなかったプラスチッ

ゴミ発酵工場

発酵槽内部

生ゴミ

ク、ビニールなどは、ふるいで濾《こ》されて取り除かれる。それらは、水分が全くなく、燃焼しても有害物質が出ない。

ここでできた土は、トラックに積まれ、近隣の農家に無料で配布される。この土は栄養を多量に含む肥沃なもので、この土を利用した畑で出来る作物は、成長が早い。

しかも農薬を使わなくても大丈夫。害虫が食べるスピードよりも育つスピードの方が勝っているからだ。

それから現在、日本の土から亜鉛、マンガン、マグネシウムなどの無機質が消えた。亜鉛は特に重要で、これが不足すると情緒不安定になる。今の野菜にミネラルが少ないのは土のせいだ。この土には、そういう成

いい土だね

土から煙が

ビニール

分も含まれている。

さらにわたしは、ここでのゴミ処理が、そのような問題だけでなく、日本の食糧自給率まで高められるのではないか、と思っている。

アメリカの食糧自給率は一一〇パーセント、イギリスは一〇七パーセント、ドイツは一〇六、フランスは一二七。ほとんどの工業先進国は実は農業国なのだ。ところが日本は四一パーセント。自給率三〇パーセントをきったら国はもたないと言われている。

わたしの恩師の言葉「人類、壁に突き当たって困ったら、微生物が解決してくれる」というが、まさにそのとおりだ。

発酵土を積むトラック

巨大なダイコン

大きく育ったホウレンソウ

このホウレンソウを見よ

微生物が二一世紀を救う

小泉　これから君たちの活躍する舞台は、二一世紀だ。二一世紀になったらどうなるかというと、先生たちにもある面では不安なことが多い。そのいちばん大きな問題は、環境問題でしょうね。これが大変な問題になってくる。次に出てくるのは、人間の健康の問題かもしれないね。これだけ複雑な世の中になってくると、いろんな病気がはやってくるかもしれない。

また、食べ物が不足するかもしれない。だって昔ほど魚だって獲れなくなってるでしょう？　今年はサンマなんて、ほとんど獲れなかったんだよ、この小名浜あたりじゃ。それから日本は少子化社会で、これからどんどん子どもが少なくなっていくけど、発展途上国では、逆にどんどん増えていく。あと二、三〇年経ったら、地球の人類には食べ物がなくなるんじゃないかって心配する学者もいる。それが食糧問題。

まだ他にも、エネルギーの問題がある。例えば、石油をあんまり使いすぎると、大気汚染とか、オゾン層の破壊なんかがあるかもしれないとか。自動車はガソリンばっかり使って走ってると、非常に空気を汚染するとか。そういうエネルギーの問題。

そうしたときにどうなるか？　君たちの世代の二一世紀は、非常に大きな問題を抱えてい

ると思います。そこで、地球にやさしく、人間にやさしく解決してくれるのが、わたしは微生物だと思う。

環境問題では、ビデオで見たように、あんなにすごい生ゴミまで微生物がきれいにしてくれて、土づくりをしているわけだから、あれ一つを見てもすばらしい環境問題の解決をやってくれるでしょう。悪臭を食ってくれる微生物もいれば、川をきれいにする微生物もいるんだから、微生物が地球を救ってくれるだろう。

次に健康問題。これからさまざまな新しい病気が出てくる。そういう病気に対して、おそらく発酵微生物はさまざまな薬をつくってくれて、それに対応してくれるであろう。それが二一世紀だ。

そして食糧問題。地球上の資源は有限だ。では何を食べていくかというときに、微生物に食べ物をつくらせればいい。そういう研究は、すでにどんどん始まってる。

エネルギー問題。もうすでに生ゴミから石油を発酵する微生物が見つかっている。それからブラジルへ行くと、芋《いも》を原料にしてアルコール発酵させ、そのアルコールで自動車が走るようになった。それからもっと将来は「水素細菌」といって空気中の水素を固定して、水素だけを取り出して、それを燃

やせば、酸素と結合して水だけを落っことしながら車が走る、そういう時代がくるかもしれない。

だから二一世紀というのは、本当に発酵の時代である。君たちの中からこの先生との二日間の出会いで、「いやー、発酵ってすごいな。これはすばらしい夢を見せられた」と思ってくれて、夢だけに終わるのではなくて「よし、わたしはひとつ微生物の世界に飛び込んでやろう」と、そういう気持ちの後輩が一人でも二人でも出てくれれば、ぼくはずうっと応援してあげるよ。

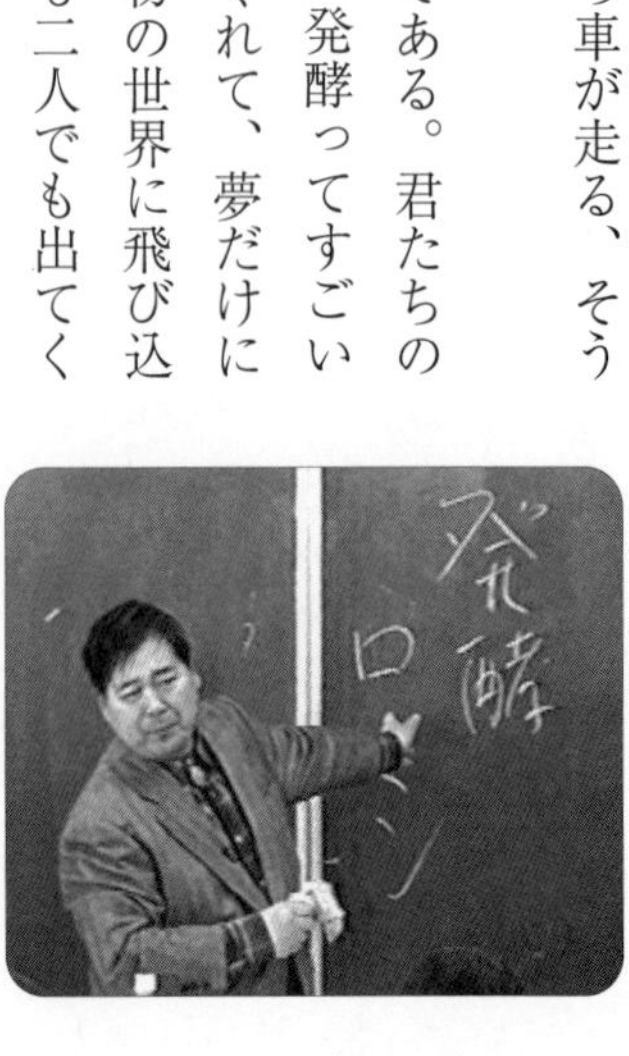

わたしの信念

これはすばらしい世界なんだから、君たちが人類を救える。地球を救える。そういう可能性のある仕事が発酵学だ。現在、発酵学の先生はあんまりいないけど、この中からぜひ発酵学を勉強して、小泉先生の弟子になって、それで地球を救う！ そのくらいの考えを持って。

わたしの信念は「発酵ロマン」だ。わたしは、発酵にロマンを感じている。わたしの生きがいだ。

うんこをいじった先生、なんだかできそこないの納豆を食べさせてくれた先生、それからなんだか豚肉を喜んで食べた先生、だけどもこういう立派なおまえたちの先輩もいるんだから、ぼくに続いて小野新町小学校は世界を救おうじゃないか。救おうという気持ちを込めて、「エイ、エイ、オー」をやるぞ。

じゃあね、発酵をする微生物に感謝を込めよう。そしてまた、おまえたちも、そういう微生物に対してこれから一人でも多くの発酵ロマンを感じられるように。そういう意味で、発酵という世界を「エイ、エイ、オー」で、すばらしい世界だってことをみんなで分かち合おう。エイ、エイ、オー！

子どもたち　エイ、エイ、オー！

エイ、エイ、オー！

授業を終えて

小泉さんの感想

――子どもたちから思わぬいいアイデアが、いっぱい出ましたね。

小泉　ぼくもそう思います。それほど期待していませんでしたけどね。発酵というものをこんなに受け入れてくれる子どもたちがいるのは、二一世紀も頼もしいなあと感じます。

やはり、ぼくの発酵ロマンを彼らが受け継いでくれる可能性がありますねえ。その意味では、ここに来て、母校に来てという意味ではなくて、こういう六年生もまだ全国にずいぶん多いはずだという、そういう楽しさ、うれしさがありますね。

――黒板にいっぱいアイデアが出ています。夢のような微生物が……。

小泉　わたしも、「ああ、なるほど、そういうものがいたらいいいな」と、逆に教えられるぐらいのすごいアイデア。だいたい子どもというのは、興味の持ち方、持たせ方しだいでは、いろんなアイデアを出すんですよね。それは、ある意味では純真だからでしょうね。あまりいろんなことを考えないで、天真爛漫《てんしんらんまん》な発想、これを今の発酵学みたいなところから呼び起こさせるってことは、わたしは非常に重要なことだと思いますよ。

――終わりに、後輩たちに一言。

小泉　すばらしい後輩ですね。ほんとに、この中から一人でも二人でも発酵学者が将来出れば、ぼくにとっては、発酵学者の冥利《みょうり》に尽きますね。

子どもたちの感想

――昨日今日と小泉先生の授業はどうでしたか?

女子　微生物ってすごいよね。

——例ばどんな話がいちばん、感じた？

女子　生ゴミを土に変えたりすること。

——最初缶詰から始まった。あのときどう思った？

女子　とても臭かった。

——この授業は、この先どうなるだろうと思った？

女子　臭い物ばかりが続くのかなあと思った。

——発酵ってどういうことかわかった？

男子　はい。最初は、ただ臭いというイメージが強かったけど、今は、おいしい物を食べたりしたから、そっちのイメージの方が強くなりました。

——なるほど、臭い物の味はどうでした？

男子　臭い物は、おいしかったのもあったけど、やっぱり臭い物は臭かったです。

——酒蔵はどうだった？

女子　酒蔵に入ったのは初めてだったけど、たくさんの人が働いていたし、酵母菌っていう微生物がとても重要な役をやってたんだなと思いました。

——授業のいちばんの印象は何でした？

女子　缶詰の臭さがいちばん。

女子　わたしも、ブルーチーズでお腹痛くなった。

——お腹が痛くなったんだ。（笑）

女子　あの、無臭にする、臭いを消す微生物があるでしょう？　あれをあの缶詰に使えばいい。

女子　言えてる、言えてる。

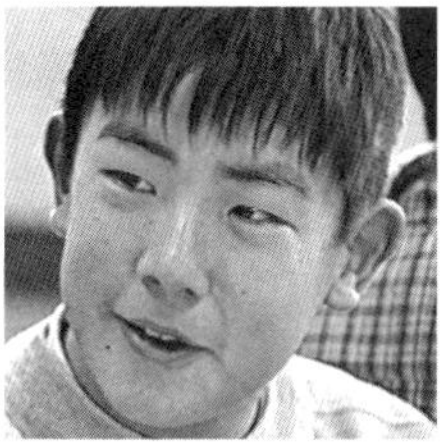

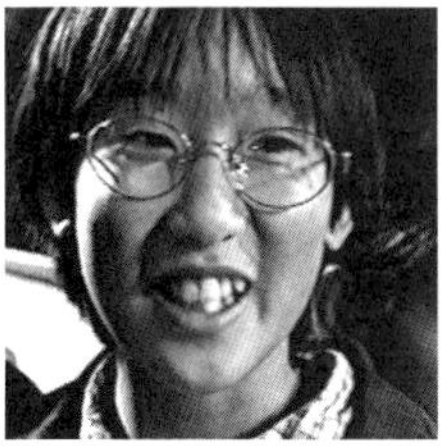

女子　そうしたらおいしかったかもね。臭いがなければ味はいいから。

――小泉先生はどんな先生でした？

女子　会う前はなんか少し緊張したけど、おもしろい先生でした。

――いちばんおもしろかったのは何？

女子　甘酒や納豆やヨーグルトをつくったこと。

――いちばん好きだったのはどれ？

女子　甘酒がおいしかった。

――先生の話でへぇーって思ったのは？

女子　いろんな微生物の中でも、悪い微生物と良い微生物がいることが、わかってよかったです。

――君の体にも微生物がいっぱい棲《す》んでるって聞いてどうだった？

女子　なんか、えっ！　て、……青ざめた。

――自分の足形見たの？

男子　足形のぶつぶつは何かなって思ってたら、それは自分の体にいる微生物だって言われたときにはびっくりしました。

女子　いちばん楽しかったのは、身近にある微生物について教えてもらって、いろんなことがわかったこと。

――いちばん印象的な話は？

男子　微生物には関係ないんですけど、将来の夢のこと、小泉先生にたまたま聞かれたんです。それで、答えたときのことがいちばん印象的でした。

――先生の授業が君たちの将来にどう役立つ？

男子　納豆嫌いを直すかも。

――ほんとか？　直るのか？

男子　たぶん。

――いつ？

男子　来年ぐらい。

――来年は食べる？　本当？　何でそう思ったの？

男子　納豆つくるのにも、ありがたみを感じた。たくさんの微生物が働いてくれるから、ありがたみがある。それはすばらしい。

――ありがたみがある。それはすばらしい。

番組の反響とその後

番組放送後、小泉さんのもとには数多くの感想の手紙や問い合わせや講演の依頼などが寄せられた。街角でも小泉さんに声がかかることもある。

感想の手紙には、小泉さんのパワーや人柄に対する親しみの情感がどれにも滲《にじ》んでいる。「自分の学問や仕事をこんなに楽しいものはない」という思いが、小泉さんの出る言葉の端々や体いっぱいに表れる。この番組を見て、学問のおもしろさや意義を知って、発酵学者を志す子どもが必ず現れるだろうと思わせる。

「授業」という教育への関心に触れた感想も多い。授業プロセスが見事だというものだ。臭い食べ物の体験、自分でつくる発酵食品、酒蔵見学、発酵学最先端の知識の披露。そして、環境問題への関心の高さは、現代日本の重大な関心事と重なる。

授業を受けた子どもたちからは、番組に収録された感想の他に、一人ひとりがていねいに書いた小泉さんへの手紙が、収録直後とテレビ放送後の二度にわたって送られてきた。

ヨーグルト、甘酒、納豆の感想が非常に多い。「おいしかった」という言葉の連発があった。

また、授業の記念に「発酵ロマン」と書いた壁掛け時計とカレンダーのプレゼントもあり、小泉さんは、大切に保管している。

子どもたちからのプレゼント

神奈川県にある私立のカリタス小学校の四年二組では、学校で漬け物をつくり、それぞれがお店を開く授業をしていた。この番組のビデオを見たことから、小泉先生の出前授業が、二〇〇〇年二月一七日に実現した。

「私が、番組を見て感じたことは、温度は大切ということです。温かすぎたらきんは死んでしまうし、冷えすぎたら発酵が進まないからです。こういうことを知った私は、ここにぬか床を置いておいていいのかなと思いました。私たちが作っているたくわんも発酵とかかわっているのでしょうか？　教えてください」「私たちの四年二組では、一学期にスウィート漬け（さとう漬け）、梅干し、カリカリ梅を、二学期には、浅漬け、糠《ぬか》漬け、たくわんを作りました。三学期は糠漬け店を開く予定です。発酵をよくして小泉先生にも食べていただきたいです。いらっしゃるのを楽しみにしています」（子どもたちが送った番組感想文。一部を抜粋、編集）

当日、超多忙のなかを小泉先生は、世界でも珍しい「フグの卵巣の糠漬け」を子どもたちに見せようと持参。また、授業後には子どもたちの漬け物店の品をみんなで賞味した。

出前授業で

フグの卵巣の糠漬け

子どもたちのつくった漬け物

授業後インタビュー

微生物が二一世紀を救う

昨日今日の授業で、先生が子どもたちにいちばん伝えたかったことは？

それは、何せ目に見えない生き物ですからね。子どもたちに、そういう目に見えない世界の力っていうかパワーっていうか、そういうものを教えておくということ。

子どもたちだけではなくて一般の大人の人たちも、目に見えない微生物の力というのはどんなもんかっていうのは、あんまり知らない世界でもあるんですね。二一世紀には、このすばらしい微生物の超能力というのが地球や人間を救っていくと思うんですよね。

今の小学校六年生がいよいよ中学生になって、人間形成の基礎的なことから一歩先に出ていく。そういうときにね、もし、こういう微生物との出会いがあると、この子どもたちの中から、微生物の世界を切り拓《ひら》いていって、人類のためにがんばるんだ、という子どもも出てくることを期待してね、そういう話を今日はしたのです。

そのために授業では食品から入って、「地獄の缶詰」というような外国の強烈な体験をさせた。それから日本の熟鮓《なれずし》とか……。

はいはい、臭いがずいぶん続きました。

あれはどういう狙いだったんですか？

狙いは、三つほどあると思います。まず一つは、発酵という世界を強烈に彼らに興味づけさせなければならない。そのためには、どう訴えるかというと、鼻に訴えるのが実に速やかであろうということです。これは、今回、非常に成功したと思います。

二番目は、昔からの人類の知恵というのは、こんなに奥が深いんだということ。例えば、一見、腐ってるんじゃないかと思うような物まで、実は発酵で食べれるんだ。実際に子どもたちは腐ってるんじゃないかってことを言ったけど、ところが、もうすばらしくおいしそうだって食べる子もいるわけですよね。発酵を怖がらないで自ら手を出していくとか、そういうようなことを最初から教えていきたかった。

三番目。やはり、ただ臭いということだけで終わってしまっては、発酵への興味を持てないと思うんですよね。その先を行かなきゃ。そのためには、チャレンジ精神というか、臭いものでも、食ってやるぞという気持ちで食ってみたら、「こら、おいしいわ」「食べてみたらすごいわ」というものを体の中に入れてしまう。その精神を呼び起こして発酵の世界を教えれば、どんどん飲み込んでくるんじゃないかという、ぼくの作戦でございますね。

なるほどね。それでまんまとみんな、はまったようですね。

まったくひっかかりましたね。みごとですね。わたしは、鮒鮓《ふなずし》を奪い合うようにして食べる子どもたちというのは今まで見たことがない。

以前に東京のある小学校でくさやを食べさせることをやってみたことがあるんですけどね、ほとんどの子がだめでした。ところがここでは、もう焼いてるときからどんどん手を出して食べていく。ある面では純朴《じゅんぼく》さっていうか純真さっていうか、まだこういう自然な面が残っている子どもたちというのは、のびのびとしているように感じます。食べっぷりを見ても。シュールストレンミングを食べてうまいなんて言う子がいたぐらいだから、もう驚きました。

発酵と腐敗

さすが先生の後輩っていう感じでしょうね。

いやあ、ぼくを追い越すものが中から出てくるかもしれません。あれだけすごいと。

なるほど。楽しみですね。

本当、楽しみです。

で、発酵ということなんですけど、発酵の定義、「発酵と腐敗」のことを……。

学問的には有機物が分解してどうのこうのという難しいことがあるのですが、要するに発酵というのは、微生物が人類のために有益なことをしてくれるとか、有益なものをつくってくれるとか、そういうものだと考えた方がいいと思います。それとまったく逆に、腐敗は人類のためにきわめて害があることとか、不快感を及ぼすこととか、つまり人間にとって全く不利益な面のことをいいます。人間に役立たない、それが腐敗です。

両方とも微生物の働きであると？

もちろん両方とも微生物の働きで、発酵菌と腐敗菌と。授業の中では良い微生物と悪い微生物と言ったのですが、悪い微生物の中には腐敗だけでなく病原菌もいます。ですからその辺を子どもたちに教えたかった。

なるほどね。あと、においですね。発酵臭と腐敗臭。これは、子どもたちにはよくわかったようですね。

そうですね。わたし、びっくりしましたけど、最初は発酵の匂いで、わーっと言って、逃げ出す子もけっこういたけど、食べさせると、そのうちに慣れてきた。

ところがそこにもってきて、腐敗した物を嗅がせたら、いっぺんでみんながわーっと、今度は眉間《みけん》にしわを寄せるという行動に出た。発酵のときにはなかったのに、腐敗のものを嗅がせると子どもたちは拒絶反応をしてくる。これは、まだ若い非常に感受性の強い子どもたちにとっては、印象に残るかな。

ただ最近、どうも大人の人たちの中にも、発酵と腐敗のにおいの区別ができないような方もいるようなことを聞きますが、やはりここは非常に重要なところだと思うんですよ。

発酵と腐敗の違いを体で感じるというのは。

発酵の匂いというのは、根本的に不快臭にはならない。その成分名でいうと、有機酸の、揮発性有機酸ですね。例えば納豆の匂いというのは、酪《らく》酸とかそれから吉草《きつそう》酸とか。お酒の発酵しているもろみの匂いを嗅がせたら、ほとんどの子どもたちが「メロンの匂いがする」とか「バナナの匂いがする」とか言っていました。これはエステルというんですが、そういうエステルとかアルコールとかも発酵の匂いです。

ところが腐敗の臭いとなりますと、これは実はアンモニアだとか、硫化水素だとか、メルカプタンだとか、アミンという物質です。魚が生臭いけど、これがさらに腐ったような生臭さ味がアミンというものです。生理学の実験で、非常に不快な臭いを人間に与えると、急に皮膚から脂汗《あぶらあせ》が出てくるとか、そういうことがわかっています。しかし発酵した匂いでは、それが出てこない。ですから成分的に違うんです。

それを今回の子どもたちは、ほとんど嗅ぎ分けていました。発酵の匂いと腐敗の臭いを比較して、「どうだった？　どっちか嫌な感じがしなかった？」ってきくと、ほとんどみんな識別していました。

発酵臭というのは、慣れないと臭いけど、まあ、臭いだけというもので、腐敗臭だと毛穴が開き、吐《は》き気をもよおすということですね。

そうそう、吐き気をもよおす。逆に発酵の匂いは、むしろ食欲を高める。鼻から匂いを嗅いで胃に刺激を与える。例えば街を歩いていて、うなぎの蒲焼《かばや》きの匂いがすると、お腹がすくでしょ。鼻からの条件反応でね。

それは、ずっと昔からの食生活の、人間の一つの履歴《りれき》現象なんですね。それがどんどん次の世代に伝わっていく。腐敗は危ないから近づくな、というのも、体が拒否反応を示す。冷や汗、脂汗を出すとか、吐き気をもよおす。それは体が警戒しているんですね。発酵食品には、そのような警戒反応はありません。

発酵食品は安全だということが遺伝的に刷り込まれている。腐敗は絶対危険だとも刷り込まれている。それで警戒信号を出している。

そういう意味からすると人間には、目に見えない本能、超能力というのが、食の世界の中に相当あると思います。

好き嫌いもそうでしょ。例えばニンジンの味もろくに知らない子どもが、ニンジンが嫌いだって。調べてみると、お父さんが嫌いだったりとか、お母さんが嫌いだったりとか、遺伝的なこともあったりね。だからけっこう嗜好《しこう》、好き嫌いというのには、そういう世界があるんですよ。

そうすると、発酵食品は、臭いと思っても、それは慣れていないから?

全くそのとおりだと思います。と言いますのは、わたしのところの学生でくさやを食べたこともないのに嫌いだっていう子がいるわけですね。その子に無理にくさやを食べさせたら、本当に好きになってしまった。だから食わず嫌いなんですね。発酵食品というのは、そういう意味からすると、食べてみてこんなにおいしいものかって思うものばっかりなんですから。非常に味が奥深くてまろやかで、香《こうば》しくて。これは発酵食品だけにつく一つの勲章みたいなものですね。

納豆嫌いの男の子がいましたが、好きになるかもわからないですね。

おそらくなると思いますね。なるためには大変だろうけど、無理に納豆食わせて、鼻の穴の中に納豆の豆でも二粒くらい詰め込んでやりゃあ、一時間くらいしたら好きになりますよ。（笑）そういう荒っぽいいじめはしませんけどね。

そういう違いを世の現代人は忘れてきちゃってるっていうことですね。

そういうことですね。

授業をして良かったと思えること

実際に発酵食品をつくることをやりました。あの授業ではどうだったんですか？　子どもたちは。

いやもう、目の輝きが違う。

お金を持ってお店に行けば何でも買えるんだということを、子どもたちみんなが頭から思ってるでしょ。だからヨーグルトをつくってみよう、甘酒をつくってみよう、納豆をつくってみようなどと言っても、彼らにしてみれば、そんなの自分たちでつくれるのかいな？　そんなところから始まっているんですね。

ヨーグルトをつくらせて、授業の中で食べさせた。コタツがあって牛乳があると、こんなに簡単にできるんだと。「君たち自分でつくってみたいか？」ときいたら、全員が手を挙げた。これはやはり、世の中がお金を持って行けばすぐ何でも買える時代では、つくるという楽しさとか嬉しさだとか、それからさまざまな現象との出会いとか、そういうのが薄れてきちゃっていますね。これは非常に重要なことだと思います。例えば、掛け算とか割り算を教えなくても電卓があればいいんじゃないかというのは違う、というのと同じだと思うんですよね。

小泉さんは、子どものころ何でもつくってたんですか？

つくってましたよ。つくってたし、隠れて食ったし、それから他の人の、でも家族ですよ、物をさっと取って食べたりしていました。

今の子どもたちにもそういうチャレンジ精神があるといいなと思いますがね。早く言うと、天真爛漫《てんしんらんまん》になってほしい。やれ受験だ、偏差値だというのではなく、堂々とのびのびとしてたら、一度しかない人生は楽しいぞ、という世界なんですよね。発酵なんて本当にそういう世界だと思います。

子どもたちにこの授業をして、総合的に子どもたちに伝えられて良かったなと思うのは、発酵の世界に限らず、発見とか出会いとか自分でいろんなことをやってみるという喜びを彼らは知っただろうということです。わたしの嬉しさは、だんだん子どもたちが発酵学者になりたいような顔になってきていましたね。いくら後輩といっても、あれだけシュールストレンミングを食ったり、くさやを食った子どもたちというのは珍しいですよ。頼もしいと思いましたね。

授業が終わって帰ろうとしても、子どもたちがみんなぼくを下で待っている。別れが惜しい。これはね、ぼくとの別れの惜しさではなくて、発酵というものと彼らが出会って、驚いて、それを教えてくれた先輩に対しての限りない親しみだとぼくは思うんですよ。慕《した》うっていうかね。それだけでも、わたしは非常に幸せだと思いますよ。

今ちょっとおっしゃったんですが、発酵学という学問の世界だけでなく、それを研究者として臨む精神というか、そんなようなところまで教えたいという感じですか？

事実ね、最後に黒板にどんな微生物を探したいかということを書かせたら、いやいや非常に発想豊かでした。あれは発酵学に対して、彼らは非常に興味を持ったということ。それから、夢を持たせることができたのではないか。

これからの学問は「自然から学ぶ」

新しい微生物を見つけたり、それを応用し、紹介していく、研究者の秘訣っていうんですか、それはどういうもの?

例えば色を分解する微生物を、助教授の角田さんといっしょにやっていたのですが、そのときの発想には、色というものを非常におもしろく感じていたことがありましてね。これだけ大きな地球上には、色を消す微生物というのが絶対にいるはずだ。それでやってみたら、やはり、三〇〇〇種類ぐらいの酵母の中から一つだけ出てきました。

なぜ野鳥の糞《ふん》の中に色を消す必要のある酵母がいるのか。微生物の歴史は三〇億年くらい前からあるわけですから、だいぶ先の方まで遡《さかのぼ》らなければいかんと思います。例えば大昔に、すごい色素の川があって、それはどこかから出てきた天然の色素の色で、そこにそれを分解しながら生きていく微生物がいて、たまたまその微生物を野鳥が食べて、永遠にその菌が鳥の大腸の中にくっついたという可能性だって考えられるわけですから、そのルーツは本当はわからない。

二一世紀の人間のために働いてくれる有力な超能力微生物というのは、脚光を浴びている最先端の遺伝子工学、突然変異とか細胞融合とか、生命工学とかで、やたらいろんな遺伝子の操作をしていることにも勝《まさ》っているとわたしは思います。、現代人はみんな新しい物で、新しい方法で、何億年も過ぎてきた微生物の性質を変えようとするでしょ。それでうまい物ができるかというと、非常に難しいと思う。例えば、ゾウとキリンからゾウキリンという新しい動物をつくれと言ったって、絶対無理だと思います。

わたしは、オーソドックスな世界で、微生物のいろんな未知な性質を見つけているんです。そのためには、テーマを考える。そのテーマは、現代にマッチして、社会に利用できるようなもの。

それと、その微生物を分離するにはどのような発想方法でやったらいいか、どのような手法でやったらいいかを見つけること。それが本当に必要なことだと思います。

微生物学者、発酵学者というのは、研究室の中でじっとしていてはあまり成果は上がらない。いろんなところを歩き回って、その現場に行って、実学とか現場主義とでも言うのでしょうけど、そういうところから自らいろんな菌を採ってきたり、いろんな現象を見て、「ああ、これ不思議だな」と感じる。そのような現場からの発想なり、現場での発見ということが、これからの子どもたちには非常に重要なことだと思います。

子どもたちだけでなく、若い発酵学者・微生物学者にはそれが非常に重要なんだけど、なんだかもう、やたらと難しい本を朝から晩まで読んでいて、それでもってチョッチョッと実験する。そうじゃなくて、ものすごい微生物たちが我々を待っているのですよ。だから、そういうものは利用してあげないといかんなという感じがしますね。

「自然から学ぶ」みたいなことですか？

いや全くそのとおりだと思いますね。全くそのとおり。自然を変えるというのではなく、自然からいろんなことを学ぶということです。その極意がわかれば自ずと道は開けますね。

甘酒づくりなどを教えましたよね。発酵食品のつくり方ってすごく簡単じゃないですか。簡単なんですけど、その割にはすごくデリケートという感じがしたのですが、いちばん気をつけなければいけない点というのは？

発酵食品をつくるというのは、昔はこたつさえなかったわけでしょ。自然の空気の中にいる微生物のいちばん理想的な環境をつくってやるということです。ですから、いちばん大切なのは、やはり呼びこむ微生物の生活環境が問題。重要なのはやはり温度ですね。

微生物には適温というのがあって、低温菌、中温菌、高温菌というふうに、温度で活動する範囲が決められている。発酵現象というのは、発酵する微生物の菌体の中にある酵素がやるわけです。ですから、その酵素がいちばん活躍しやすい、これもやっぱり温度なんですけど、それを調整してあげる。
それと、他の菌が入らないように、その菌だけを培養、増殖させるために、清潔にすることが非常に重要です。そういうこともあって、簡単なようでなかなかデリケートなわけです。昔の人たちはそれを間違いなく、大切な食材を腐らせたら元も子もないわけだから、いかに腐らせずに、しかも価値のある物にできるか、そのような大変な努力があってここまで来たと思うんですよ。

そういうことで、新しい発酵食品に出会うと先生は震えてしまう。

ただね、発酵食品というのは伝統なんですよ。全く新しい発酵食品というのはあんまり出てきませんね。そのくらい伝統的なんです。ですからその伝統を守っていかなきゃいけない。最近例えば、どんどん鰹節《かつおぶし》が消えています。振ればたちどころにおいしくなるという魔法のようなうまみ調味料が出てきてるもんだから、みんな鰹節を忘れてる。今回も子どもたちにかたい鰹節を見たことあるかってきいたら、ほとんどの子が見たことない。「これが鰹節か」って。
これは日本に五〇〇年も続いてきた伝統的な発酵食品ですよ。それが現代の子どもたちでぷつっと切れてしまうのは淋《さみ》しいですね。もっと食品を見直そうということが必要だと思います。

伝統的な発酵食品が、次から次へと消えてしまうような風潮ですからね。匂いのない納豆をつくろうなんていう、何が何だかわからないような、それじゃ納豆じゃないんじゃないかっていうね。(笑)そんなことまで研究している人もいるけれども、臭《くさ》みの良さを子どもたちにもわかってもらえたとしたら、ぼくはよかったなと思います。

臭みの良さをわかってほしい、という感じですね。

そう。シュールストレンミングを食った子どもがいたけれど、それを見てわたしは「こいつ男臭いやつだな」と思いましたね。「男の香りがするやつだ」とは言わないの。

臭さはおいしさに通じるわけですね。

そうそう。臭さはおいしさに通じますね。

ありがとうございました。

福島県田村郡小野町立小野新町小学校

本校のある小野町は、阿武隈《あぶくま》山系の中部、福島県田村郡の南部に位置する。四方を標高七〇〇メートルを超える山々に囲まれ、町の中央を太平洋に注ぐ夏井川が流れている。市街の標高は四三〇メートル。南にいわき市、西に郡山市が隣接。

夏井川の川縁の千本桜の美しさは有名。北部高柴山では、山頂にかけて二万株の自生ツツジが、

また、東部矢大臣山には高山植物の「深山《みやま》あづま菊」が群生している。

小野町の名は、大和朝廷以来の有力豪族小野氏に由来。聖徳太子によって隋の国に派遣された小野妹子《おののいもこ》の直系に当たる小野篁《おののたかむら》がこの地を治めた。平安時代には、学者や書家を多数輩出した。

その篁の娘とされているのが、小野小町《おののこまち》である。それによって小野町は歴史のロマンを秘めた町だと言われている。

本校は、学制発布一年後の一八七三年（明治六）一〇月に第七大学区第五中学区第一七番新町小学校として創立。現在の校舎は一九七二年（昭和四七）に新築。

小泉さんは本校一九五五（昭和三〇）年度卒業生。一九九九（平成一一）年度在校生は五〇七人。

あとがきにかえて

〝未知との遭遇〟の快楽

坂上達夫
ＮＨＫエンタープライズ21

今回の小泉武夫さんの発酵をテーマにした授業は、お読みいただいたらわかるとおり、実に盛りだくさん。番組では、そのごくエッセンスしかお伝えできなかったにもかかわらず、ギャラクシー賞選奨をいただくなど、高い評価を受けました。特に、学問、それも自然科学の一分野という、わたしたちふつうの人間が何となく腰がひけてしまうようなテーマを、これほどまでにわかりやすく魅力的に提示できるとは、正直言って、わたしも思っていませんでした。

何といっても、シュールストレンミングなる世界一臭い缶詰を開けて、子どもたちの度肝《どぎも》を抜いてしまうという授業の冒頭が圧巻でした。文字どおり〝未知との遭遇〟です。わたしたち番組づくりに携わる者の間でも、番組の始まる〝最初の三分間〟にいかにインパクトのあるシーンを用意し、視聴者をつかんでしまうか、というのが重要なのですが、まさにそのお株を奪われたような格好になってしまいました。

そして、発酵食品を自分たちでつくってみたり、小泉さんのご実家の酒蔵を訪れたりという、五感を動員しての体験授業。わたしが痛感したのは、〝食〟という人間の生を支える基本的行為と結びつけたとき、メッセージはより深く伝わるということでした。しかも、そこに小泉さんが要所要所で科学的裏付けをしてくださることによって、みんなはより体系的な知識にまで関心を持つようになっていったのです。

まとめは、子どもたちが考えた夢の微生物のアイデア。これは、想像力・思考実験によって創造の芽を育てる段階にまで至っているといえましょう。こうした教育学のテキストにでもなりそうな展開のなかで、「小泉さんの弟子になりたい！」という子が何人も出たことは、番組にかかわった一同にとって何より嬉しいことでした。

ただし、この番組の成功は、今述べた番組設計だけにあるのではありません。緑豊かな福島県小野新町という風土、麹や酵母と向き合って伝統の酒づくりを守り続けてきた酒蔵（しかも小泉さんの実家！）と誠実な杜氏《とうじ》の人々、もちろん情熱的な小泉さん自身のキャラクターと素直な子どもたちがあっての賜物です。

さらに、今回取り上げた話題が、二一世紀へ向けての人類の生き方と大きくかかわっていることを見逃すことはできません。授業最終盤における子どもたちへの語りかけ、また、インタビューの中でも、小泉さんの発酵微生物学という学問に対する姿勢・哲学は、如実に現れています。それは、生産し、消費し、捨てる、という現代文明への警告であり、活路を何とかして見出そうとする挑戦でした。小泉さんは、伝統の英知と最新の研究の成果の両方を示すことで、解決へのヒントを具体的かつ明解に、子どもたちにも視聴者にも実感させてくださったのです。

最後に、毎回のことではありますが、番組に協力してくださった小泉さん、学校・児童の方々に、あらためて心から御礼申し上げます。

（エグゼクティブプロデューサー・番組制作統括）

NHK「課外授業 ようこそ先輩」制作グループ

制作統括	橋詰　晴男
	坂上　達夫
プロデューサー	田嶋　敦
演出	佐野　岳士
ナレーション	石橋　蓮司
撮影	福居　正治
	外山　泰三
共同制作	ＮＨＫ
	ＮＨＫエンタープライズ２１
	東京ビデオセンター

装幀／後藤葉子（QUESTO）

小泉武夫　微生物が未来を救う　別冊　課外授業 ようこそ先輩

2000年3月27日　初版第1刷発行
2011年4月5日　第4刷発行

編　者　NHK「課外授業 ようこそ先輩」制作グループ
　　　　KTC中央出版

発行人　前田哲次
発行所　KTC中央出版
　　　　〒111-0051
　　　　東京都台東区蔵前2-14-14
　　　　TEL03-6699-1064
編　集　(株)風　人　社
　　　　東京都世田谷区代田4-1-13-3A
　　　　〒155-0033　TEL 03-3325-3699
印　刷　図書印刷株式会社

　ISBN978-4-87758-162-6 C0095